繁花深处

终结抑郁 **30** 天

佳琳 著

人民日**报**出版社

北 京

图书在版编目（CIP）数据

繁花深处 : 终结抑郁 30 天 / 佳琳著 . -- 北京 : 人民
日报出版社 , 2021.3
　　ISBN 978-7-5115-6933-2

　　Ⅰ . ①繁… Ⅱ . ①佳… Ⅲ . ①抑郁—心理调节—通俗
读物 Ⅳ . ① B842.6-49

中国版本图书馆 CIP 数据核字 (2021) 第 035858 号

书　　　名：繁花深处：终结抑郁 30 天
作　　　者：佳　琳

出　版　人：刘华新
责任编辑：周海燕
内文绘图：宋慧慈

出版发行：人民日报出版社
社　　　址：北京金台西路 2 号
邮政编码：100733
发行热线：（010）65369527　65369509　65369512　65369846
邮购热线：（010）65369530　65363527
编辑热线：（010）65369518
网　　　址：www.peopledailypress.com
经　　　销：新华书店
印　　　刷：北京荣玉印刷有限公司

开　　　本：710mm×1000mm　1/16
字　　　数：210 千字
印　　　张：17
版　　　次：2021 年 3 月第 1 版
印　　　次：2021 年 3 月第 1 次印刷

书　　　号：ISBN 978-7-5115-6933-2
定　　　价：68.00 元

序　言

　　佳琳女士原供职于央视，从事社会新闻采访及追踪报道等工作。大概五六年前，经某"金话筒"得主、著名主持人介绍，她就肺内有磨玻璃结节而焦躁地电话联系我。作为一位看过 6000 多例肺癌患者、有 40 余年临床经验的资深肿瘤专家，这些年见到的磨玻璃结节（医学称 GGO，系 Ground Glass Opacity 的缩称）患者太多了。我电话深入询问得知其长期生活在北方，家属及本人均无抽烟嗜好，聊谈中感知她是一位细腻、敏感、认真、追求完美、文学素养深厚之成功女性，心中已明白大半——她的 GGO，多半是慢性炎症发展而成的惰性病变（所谓"惰性病变"，指并不活跃的"懒癌"，好生处置，通常并无多大威胁）。

　　研究发现细腻、认真、追求完美等的个性是促成惰性 GGO 的另一层重要因素——在我们看来，GGO 多半是慢性炎症发展而成的，污染的严重程度与慢性炎症成正比；而细腻、较真、追求完美的个性等又弱化了炎症的自我修复能力，故易于发展成 GGO。

　　鉴此，面对电话那头焦躁不安的佳琳，我好生安慰，认为无须过分紧张，叮嘱千万别急着手术，不妨尽快拿片子认真分析分析，再做计议……。没有想到紧张焦躁的她，还是匆匆做了手术。术后忐忑不安、愁容满面地坐在我的诊桌旁。看着她术前的片子，与预料的一样，只是惰性GGO，仅需定期观察调整即可。然生米既成熟饭，建议从容应对，无须为此过分担忧。

诊疗中，在表面阳光若无其事的背后，感觉到她深埋着明显的挫折感及抑郁倾向。反复诊疗多次，我们也就成了好朋友、老朋友。她主诉的许多症状，如失眠、情绪易起伏等，其实都是抑郁的表现而已。我曾提到过她的抑郁问题，建议她配合治疗，或找找专科医生，并曾推荐过专科医生给她，尽管心身疾病也是我的专攻领域。但她开始时似乎对接受这些诊断有些疑虑，后来就比较坦然了。

接触多了，我建议她发挥自我优势，继续关注一些社会热点问题，包括关注大众的心身健康、抑郁及下一波危害甚巨的阿尔茨海默病（AD）等，因为现在芸芸大众对此了解甚浅，甚至有意无意回避……在这些话题中，我们总能找到一些共同点。

疫情解禁后我们又一次见面，旧话重提，她提到近期她正在写作中。我原本以为她会以一个记者的视野关注并呼吁阿尔茨海默病（俗称老年痴呆症，简称 AD、认知障碍）问题，因为我们对此有过较为深入的探讨，并愿意唤醒人们对 AD 的重视及率先防范。

而我 40 余年癌症临床，诊疗了 5 万余例肿瘤患者，近 20 年来死于癌的越来越少，困于 AD 的却越来越多，而且她对此也比较了解。作为资深采访记者，她的洞察力、分析力、表达力及感染力十分了得。

结果，2020 年末她发来了稿子，一看书稿，我就被完全吸引了。原来，她不是以记者职业习惯、"观察员"视野写的"他者"之 AD（认知障碍）等，而谈的是切身体验，解剖的是亲历抑郁后的所作所为，所想所感，记录解析了自己漫长的走出低潮、战胜内心痛苦之心路历程。

就本人阅历言，中国国内愿意坦陈此疾，并深入剖析自身内心折磨，告知以众人者，少之又少；而能如此流畅、坦荡、深邃且有见地及参照价值地谈论此话题，更是凤毛麟角。众所周知，抑郁是社会大问题，但现实中人们常常避之犹恐不及。临床上，我们委婉提及对象（新病人）有此倾向时，往往会引起矢口否定、拒绝、不快甚或抵触等不良情绪。因此，这在中国社会太需要"启蒙"了。而此书，说其具有心灵健康之"启蒙"意义，绝对合适！

本书稿值得赞誉之处甚多。至少，这完全是部"新体验小说"，以作者其亲历性、非虚构性写来，既突破了类似话题的传统写法，更刷新了我这"老法师"对抑郁的认知。须知，本人忝列中国心身医学领头人（任中华医学会心身医学分会会长多届、获首届国家层面心身医学成就奖，抑郁则是心身医学主要关注的），况门诊癌症患者中兼见抑郁者不少（初诊患者超过 1/3 强），故我们倡导癌从"心"治，久而久之，对抑郁等的应对也颇有章法。

但隔山观望（指医师的观察诊疗）与患者亲力亲为之体验全然不同。医师仅按照教科书（且都是国外移植的）诊疗，往往隔靴搔痒！中国之大，十几亿人口，每年抑郁患者数千万计，遗憾的是，关注了这么多年，这方面国内作品实在少之又少。

12年前（2008年）有过一本《旷野无人——一个抑郁症患者的精神档案》，曾引起我的兴趣。居然作者也是记者身份，生了癌又罹患抑郁。该书结论之一是"抑郁困扰更甚于癌"，而其广受赞赏在于"她不再忌讳说自己的病"。但该书过于灰色调，以至于有编辑读后强调不建议抑郁症（尤其是轻度抑郁症）患者看那本书，原因一是会加重抑郁症状；二是书中描述大部分很压抑，作者的认知和癌症是导致她抑郁的原因；三是该作者内心是灰暗的，她总是看到事情的灰暗面而且记忆深刻，不善于发现事情的积极阳光的一面等。那本书的作者几经药物治疗，用了不少抗抑郁剂，虽"从病人变成了半个专家"，但因为没有从灰色调中自我调整而出，故复发多次。我认为那本书作者的自我剖析具有开创意义，值得充分肯定。而佳琳之此佳作继之以进一步启蒙，定会对中国抑郁之防治，起到积极推动作用。

抑郁之危害，亟须全社会关注，毋庸多述。明确诊断为抑郁症，发达国家早已达到人口的8%～10%，且更以每年11.3%的速率递增。我国情况更不容乐观。我们在"十二五"期间承担国家课题所做的大规模亚健康调查提示：在中国大中城市，疑曾有抑郁症史的，接近20%。国内应用新疾病分类和诊断系统进行的流行病学研究表明：我国抑郁症患病率约10‰～15‰。

前不久（2020年9月11日），国家卫生健康委专门发布了抑郁症防治工作要求，提出2022年公众对抑郁症防治知识的知晓率要达到80%，学生知晓率达到85%（学生抑郁发病率很高）；就诊率要在现基础上提升50%，治疗率提高30%，年复发率降低

30%；非精神专科医师对抑郁的识别率提升50%，规范治疗率提升20%；并明确了一系列的重点任务。我们知道，要完成这些任务具有相当难度。

而佳琳此佳作，也许胜过一堆文件——借助切身体验，以真切笔触写实而成，动之以情，可视作为教科书式的体验及叙事，更易为社会及民众所接受，自我对照，加强知晓率。因为文学佳品往往比干巴巴的说教更能打动人。故展望此作品契合时代迫切需求，在推动社会知晓方面大有斩获，并不为过。

国际权威杂志《Nature》2018年年末评选时发现，对SEID（Systemic Exertion Intolerance Disease，系统性劳累不耐症）的关注是全球民众的重点及焦点。为此，国内权威学刊《科学通报》特邀笔者写了《从重启慢性疲劳综合征研究受关注谈起》（2019）。我们研究认为：的确，SEID（系统性劳累不耐症）的危害颇甚，中国的情况尤其严重。而抑郁是SEID的核心问题。国内各色"白骨精（白领、骨干、精英）"中，普遍弥漫着以抑郁焦虑为核心的SEID健康难题。破解方法之一就是关注并解开抑郁错综之结。

佳琳本身就是"白骨精"的典型。她的自传体体验作品可以在协助人类破解SEID这一世界性难题中起示范之效。故笔者极力推荐有类似不适（主要表现为疲劳、全身乏力、系统性不耐等症状）者开卷有益，不妨打开此书认真消化吸收一番，或许会获益无穷！

书中佳琳检讨了自己早年境遇：生活在有才但有暴力倾向父亲及因病而行为乖戾的兄长阴影之下，是其罹患抑郁的背景性因素。对此，学界已有定论。而佳琳的叙事，让每一位为人父母及教师者应反思：给孩子们最重要的究竟应是什么!？首先应该是爱、自尊、自信、安全感及情商等；而不只是学习成绩、考试科目、课程及知识等。可见，创造一个良好的生活、教育及日常氛围，对自己、家人、后代及朋友们，多么重要!

此书尤其值得称颂之处在于，佳琳不仅叙述了抑郁之疾苦体验及其可能的成因恶果（叙事），且分析了其起因及可能机理（理性），并给出了自己尝试成功了的具有推广意义的实操性方法手段（实操）。

书中写到"社会上，人们对这个病有个普遍的错误认知，一旦得了抑郁症就似乎成了神经病，这也使很多人在明知自己情绪不对，有着典型抑郁状态的时候，不敢直面这个问题。""今天我用切身的体验告诉大家，抑郁症只是暂时的情绪问题，就像一个迷途的孩子，只要你有信念、唤起自己的内心和记忆，你就能很容易地找到回家的路。"

的确如此。临床初诊癌症患者中约 1/3 会有不同程度的抑郁，但医患双方（有时还包括家属等）共同努力下，绝大多数都能顺利走出。但在走出的过程中，自我认知及努力非常重要。佳琳以她自身体验告诉人们"从迷途中走出来，静享生活的美艳和多彩吧! 方法很简单，你只要告诉自己：我能行! ""如果想自救，我必须从每个细节入手。全面改变我的生活和喜好，让自己真正地成为一个快乐、自由的人。"并总结说"当你因为抑郁而偏离了生活的轨道，甚至和他反目成仇，我希望你在看完此书的时候，跟生活握手言和，给自己一个很好的交代。"正是这种理性态度、毅然决然力及不断自我正性强化，才促使她凤凰涅槃，重获新生。

我最看重的是她带有独创意义的疗法。她在书中记录了决意走出抑郁后的 30 天活动，生动且活泼，文采飞扬。这独创疗法佐证了我的一个根深蒂固之感受——抑郁分为内源 / 外源两类，对于多数抑郁者而言，改变认知是起点，强化内心是关键，持之以恒很重要，再辅以合理方法，战胜抑郁，并不困难。书中每一天的写实，都可以作为深陷抑郁泥潭者之良药，卧薪尝胆，警示提醒，鞭策自己。对此，诸君认真看完，自能吸取养分，获得动力，不断前行……。

作为一位临床医师，对叙事医学及医学人文也颇感兴趣而有所涉略，本书还是一部上乘的叙事医学文本、医学人文学教参。对此，相信同行会有同感。限于篇幅，不再展开。

多重强烈感受而欣然作序，以期共享！

何裕民　于上海 2021.2.26

（何裕民，上海中医药大学资深教授，中华医学会心身医学原会长。）

前　言

　　人的一生，有很多的经历，是值得骄傲和回味的。有些经历，是用来教会你成长的，而有些经历，则是为了改变你的生活、影响你一生的。

　　最近 N 年以来，身边得抑郁症的人越来越多，但无论是多好的朋友，大家都互相隐瞒、难以启齿。人们在内心深处，将它当成一件不光彩的事，极力淡化，甚至谈虎色变。成千上万的抑郁症患者，对抑郁的真相，很少有准确的认识，包括我自己。

　　十五年前，当我陪一个患抑郁症的女同事去看心理医生的时候，在走廊里，遇到了一个患抑郁症多年的女孩，她不停地在走廊里暴走，时不时地自言自语，用脚去踢墙角。

　　她的母亲告诉我，她是在美国上学期间得的抑郁症，因为长期服用抗抑郁的药物，导致失语和不能自控。

　　也就是在那时，我和其他人一样认为，抑郁症患者就是神经病，是思维不正常的一类人群。

　　因此，当我出现了抑郁症患者典型的烦躁、恐惧、失眠、忧伤，身体到处不舒服等症状时，我一直拒绝承认自己得了抑郁症，甚至抵制去看心理医生。

直到它彻底摧毁了我的生活，让我感受不到生活的乐趣，甚至严重地影响了我的肢体功能时，我才意识到问题的严重性。但我一直羞于启齿，怕别人认为我精神不正常，更怕我在意的那些朋友看不起我。

在生活已经濒临绝望，人生也进入了无生趣的阶段后，为了能够正常地和家人相处、好好地活着，我才开始偷偷地去找心理医生治疗。但心理医生窃私癖一样的诊疗方式，包括抗抑郁药物对我产生的强大的副作用，让我彻底放弃了通过医院来拯救自己的途径。

作为某著名电视媒体中唯一的暗访女记者，我曾无数次和造假分子周旋在生死边缘，从没畏惧过；也曾因报道全国的重大新闻和突发事件，目睹过人间的惨痛和生离死别。职业的原因加上从小的生活经历，不但磨练了我坚强的意志，也造就了我一颗敏感细腻的心。

无数个夜不能寐的日子，面对搅成一锅粥一样的脑神经和焦躁难安的心绪，我认真地告诫自己：必须好起来，既然外力帮不了我，那我就靠自己解决！既然还活着，就要活得活色生香，光彩四溢。

于是，我尝试着自己站起来，带着对家人、对生命负责的信念，用独处、锻炼心性、移情和修炼生活艺术的方法，在一个月内，治好了我的抑郁症。最主要的是，在一个月的调整过程中，我不但战胜了抑郁，还使自己成为一个不急不躁、平静而充满耐力的人，这是我意想不到的收获。

某一天，当我情不自禁地在一丛繁花前驻足，被它们的绚烂和芳香所吸引，内心充满了狂喜和感动。当我不经意地绕到了花丛的背后，看到了深藏在花丛深处的暗影和丛生的杂草，它们刹那触痛了我的心扉。我突然意识到，这就是我们现实生活的真实写照。

在人生的旅途中，人们总是习惯于把光鲜亮丽的一面展示给他人，以获得虚荣心的满足。而心灵深处的暗影和杂草，却无法面对、根除。无数人默默地在现实的阴影里绝望，挣扎。而很多人的内心，也都或多或少地深埋着抑郁的影子，可人们却顽强地掩饰着这样的情绪，不敢直视它，更没人愿意把它拿出来，在阳光下晒一晒，正如繁花的深处，到底隐藏着什么样的生命死角，没人肯探知和明了。

于是，我当即就想以《繁花深处》为名，想把自救的过程写下来，给那些和我一样，正在遭受抑郁症折磨的人以启示和借鉴。我想告诉他们，抑郁症就是个情绪问题，完全可以通过心力的改变，用信念来解决掉。

当你发现得了抑郁症，你不但不用难过、自卑，你甚至该庆幸自己是那么的与众不同。因为只有内心敏感、细腻，经历过人生的起落和风雨的人，才会对世事明察秋毫，对生活的感悟尤其深刻，才会得上这样高贵的病。

它就像天有阴晴雨雪、月有阴晴圆缺一样的自然，你完全可以通过自己的意志，将它调整过来，重回生活的轨道，还自己一个更加美丽的人生。

在从事新闻工作的若干年里，我也发现，我们这个行业，包括白领阶层，得这种病的人比较多，而纵观这些人，无一不是情感丰富、内心丰盈的人。

因为人们对这个疾病普遍有错误的认知，一旦得了抑郁症，他们就认为自己似乎成了另类。这使很多人在明知自己情绪不对、出现典型的抑郁状态的时候，不敢直面这个问题。

今天我用切身的体验告诉大家，抑郁症只是暂时的情绪问题，就像一个迷途的孩子，只要你有信念，唤醒心中对生活的挚爱和渴望，就能准确地找到回家的路。

我的故事，只是个例，只是我个人的一个自救的有效的方法。这个方法之于他人可不可行？我不知道。但方法来源于简单的现实生活，只要你心里坚定信念都能做到。无论你赞不赞同，我都希望能给你一些借鉴和启发。

当你因为抑郁而偏离了生活的轨道，甚至和生活反目成仇，我希望你在看完这本书的时候，能跟生活握手言和，给自己一个很好的交代。

世界很大，而人生很短，人间万物温柔、可爱。我们能来世界上走一遭，那么的不易。无论你是男人还是女人，我都希望你能敞开胸怀拥抱世界的同时，好好地善待自己，让自己赏心悦目、清清爽爽地存在于天地之间。给自己的心找个家，让灵魂与天地万物相亲、相拥。

当我们被忧郁的情绪包围的时候，就无形中与生活、与人之间竖立起了一道灰色的屏障，这屏障不但阻碍着我们生而为人的快乐，更让我们与世界成为完全对立的两重人。

如果你是一名抑郁症患者，若还想带着美好的心情，想静观四季轮转、花开花落，那么请拿出你的意志和强大的自控力量，和我一起从迷途中走出来，静享生活的美艳和多彩吧。方法很简单，你只要告诉自己："我能行！"

目 录

第一篇

手术催生的抑郁

手术一个月后，我开始出现焦虑、恐惧、失眠等一系列症状。越失眠，越恐惧、焦虑；越焦虑、恐惧，越失眠严重。这一系列的恶性循环，彻底击垮了我。我出现了头晕、心慌、四肢无力等症状。我每天都忧心忡忡，烦躁不安。一丝一毫的声响，都能刺激到我的神经，让我跳起来抓狂。

我感觉自己的脑神经，像一个失控的电风扇一样，昼夜不停地旋转。我无法让它停止胡思乱想。昼夜的失眠，又让我更加恐惧，我害怕自己这样不睡觉，不但身体无法恢复，还会导致猝死。那段时间，我对死亡产生了从未有过的恐惧。被失眠折磨得不能自持的我，像一只流浪的狗，饥困交加，找不到回家的路。

若不是因为一场手术，我不会那么认真地关注自己的情绪，更不愿意承认自己得了抑郁症。

当我一次次被忧伤、无助，甚至绝望的情绪，痛击得像掉进了深渊里的风筝，拼命下坠的时候，我瞬间看见了在眼前飞逝而过的绿树红花，看见了女儿可爱的小脸。而这一切，都因为我的心灵和情绪出了问题，再也感受不到她们的美好了。

我的心绪每天被忧伤包围着，身体因为情绪的原因，到处不舒服。我拼命地跑医院，似乎所有的器官都出了问题，病历堆成了山，却查不出任何毛病。

我每天心慌气短，胸口像压了块石头一样，我重复地跟各科的医生们描述着我不舒服的症状，然后他们给我开了各种检查单，从头到脚的。

直到有一天，当我再次坐进国际医院的诊室，一个美丽的心内科女医生凝视着我，静静地再次听我描述完各种症状后，她站起来，拥抱了我一下，幽幽地说："亲爱的，你知道你多漂亮

吗？多可爱吗？我觉得你没有病。你所有的症状，都是因为那场手术。你有点抑郁，去看看心理科医生好吗？我给你介绍一个最好的心理医生。"

空气瞬间静止了下来，我凝视着她美丽的脸，半天没说话。

房间里，静得只剩下空气在滋滋作响，偶尔一两声春天的鸟鸣，在寂寞而阴湿的窗口划过，一点点地刺痛着我的神经。

她的话，好似当头一棒，让我如梦初醒。我突然对她说："我可能真的得了抑郁症。"

没等她回答，我站起来转身就走。走到门口的时候，听见她说："是的，你就是有点抑郁，别怕，我给你介绍我最好的朋友，她是心理科的主任。"我如游魂一般地接过她递给我的电话号码，头也不回地走出了急诊室。

坐在医院公园里的长椅上，天上飘着如丝的细雨。我竖起衣领，让雨雾慢慢地打湿头发。我拿出小镜子，凝视着自己的脸。

是的，它看起来还很年轻，除了有点苍白和疲倦之外，生命的朝气，还在我的眼眸里不停地跳动。

我突然一阵心酸，泪雨滂沱。看着眼前繁杂、忙碌的生活场景，感受着这广阔天地的深邃和美好，突然意识到，自己和它们"阔别已久"。

想起了五年前的今天，慢慢追溯着那些改变了我的生活和命运的日子，我看见了岁月的源头，那个无助地在雨里狂奔的自己；那个手术后，被失眠折磨得不能自持的我，像一只流浪的狗，焦灼得无所适从，找不到回家的路。

五年前，在外企公司做总裁的先生，突然接到了调任上海的命令，而且要求带家属，一个月内必须到上海。

那时，我一直在主流媒体工作了近二十年。我爱我的职业，感觉自己就是为新闻而生的，它让我投入了全部的热情，几乎用生命热爱着它。

但在当时的生活情形下，所有的亲朋，一起上阵，劝我放弃自己喜欢的工作，跟着先生走。

脑袋一热，大义凛然之下，我毅然辞职跟着先生来到了传说中的梦幻之都——上海。

先生在来上海之前，也给我做出了很多美丽的承诺，其中最吸引我的一条是：他说每周可以带我们去上海的歌剧院去看各种演出、听音乐会。

鱼饵撒得够大，我满怀浪漫期待而来，而真正置身于这传说中的浪漫之都，现实生活不但没有那么梦幻和浪漫，还露出了严酷的嘴脸。

先生不但没时间带我们去看演出和听音乐会，还经常出差。上海缠绵不断的阴雨、潮湿阴晦的天气，一下就把我打到了现实的谷底，不能自拔。

来上海的时候，我们一家就提着三个简单的箱子。先生的大股东，暂时把他空着的别墅借给我们住。美其名曰，想住多久住

多久，反正闲着也是闲着。说是空着、闲着，等我们住进去的时候，才发现，里面住着他家的保姆一家人，而且已经住了好几年了。

我们的突然到来，亦如一个外来侵入者，让保姆她们感到了极度的不适，而我更是对这样的相处关系，感到无所适从。

她们一家住在一楼，我们一家住在二楼。写这段文字的时候，我的眼前一直浮现着那保姆消瘦总是带着狡猾微笑的脸。我们住进去后，她的脸，一天比一天拉得长，就像我们住了她家的房子一样。

做记者二十年，阅人无数，她是我见过的最攻于心计的女人。我从没想过，宫斗戏里，那些狠毒阴险的女人会在我的生活里出现。

我曾半开玩笑地跟先生说，如果真是在古代的皇宫里，我超不过三天就会被她斗死，而且怎么死的都不知道，但一定是含冤死的。

还记得在那段时间里，她总是每天五点多就起床，煮好一锅粥放在那，然后就去了主人家。她告诉我先生的合伙人，她每天都给我们准备早餐，但我发誓，我从来没喝过她的粥，她也从来没让我们喝过。

每到晚上开始做饭的时候，她那做保安的老公，就先占据了厨房，煎炒烹炸地给自己准备一顿丰盛的晚餐。而我碍于面子，不好意思去抢厨房用，就慢慢等他们做完了，想着再去给女儿做点吃的。

结果，他们每次都故意磨蹭到天黑，弄到七八点钟，我们等不起，所以一家人只好到外面去吃饭。

先生因为经常出差，人生地不熟的情况下，我在上海五六月的梅雨季节里，每天顶着风雨，开车拉着五岁的女儿，满街去找饭店。

因为天生的路痴，加上本来就对这个城市不熟悉，而且心情烦乱，那段时间，我只要一出门就撞车，好几次自己撞在马路牙子上，撞爆了轮胎。

白天偶尔在楼下碰到，那女人也阴沉着脸，从来不给我好脸色。但去到主人家，又会和主人讲，她对我们有多么的关照。

我在楼上打个电话，她都会站在楼梯口偷听。她喜欢敞开着门过日子，她的那些做保姆和保安的朋友来了也从不敲门，从一楼的各个入口，开门就进来。

好几次，我正在一楼洗衣服，几个大男人推门就进来了，把我吓了个半死。她也经常招朋引伴地请一堆人来家里吃喝打麻将，全然忽视我的存在。她所做的一切，无非就是想尽快地把我们挤对走。

和一个心机婊保姆住在一起的阴暗岁月，是我一生都难忘记的痛苦经历。和她吵，觉得有失身份，不吵又要遭受她的冷脸。

因为她每天来往于先生的合伙人家和我们的住地之间，很多事，不看僧面看佛面，为了不让先生为难，我只能忍气吞声。

我一向心高气傲，怎能忍受她的白眼和冷落，所以我做梦都

想早一天搬出去，有个属于自己的家。

那段日子，是我这辈子过得最不开心的一段时光。

外面连天的阴雨，里面寄居人下的孤独感，让我每天心情都很抑郁，为了尽快搬出去，我拼命地开始四处奔波买房子。

那时候，我经常抱紧幼小的女儿，无助地贴着她的脸，脸上虽然带着微笑，心里却在拼命地下雨。

能怪谁呢？每个人都活得不易，那个每天在外面奔波出差的人，也是为了他的事业、这个家。而我承担起家庭的另一半责任，也成了顺理成章、责无旁贷的义务。我只能咬紧牙关，打碎了牙齿往肚子里咽，至于咽下去能不能消化，就另当别论了。

可是买房子哪有那么容易，附近没有精装的新房。每次跌跌撞撞地看房回来，走在暴雨里，都会一边开车一边流泪，还经常找不到回家的路，走错一条街，就要绕出去几个小时，才能回到家。好几次委屈得失声痛哭。那是我这辈子流眼泪最多的日子，我不知道自己何以那么脆弱。

我从小在蓝色的内蒙古高原长大，虽然不是蒙古族，但骨子里却有着成吉思汗子孙的豪爽和义气，对朋友掏心掏肺地好，更不会耍心机手段。我喜欢阳光灿烂的日子，而 2015 年上海的雨季，天就像被捅了个窟窿一样，不但一连几个月都不放晴，还动不动大雨瓢泼。

雨下得最长的一次，从当年的十一月一直下到了次年的五月，中间晴朗的日子，加起来不超过十天。在这样的雨天里，我的心也开始发霉长毛，杂草丛生。

有一次，为了缓解压力，我徒步走了六公里走到了家乐福，结果出来的时候，下起了大雨，等了一个小时，雨都不肯停，因为惦记去接女儿，咬咬牙，只好一路顶着风雨走回了家。

那一次被浇得跟落汤鸡一样，路边一个打伞的小伙子，看不过去，跑过来和我一起走了一段路，风雨太大，不忍心让他陪我一起淋着，就笑着拒绝了他和我继续在雨里走。

他不肯，还要电话号码，我抹了一把脸上的雨水，笑着说："我是个五岁孩子的妈，我的电话对你没任何意义。"他红着脸走开了，我深深地谢了他，这是我来上海后，唯一感受到的温暖。

从那之后，当女儿放假再度回到北京，我突然没缘由地发起了高烧，一直烧到40度，可是却找不到发烧的原因。好在十天之后，我彻底好了。

生活环境的骤然变化，使我像一列原本正在极速行驶的火车，突然一脚急刹车，骤停，剩余的动力无处宣泄，储存在体内成了多余的负能量，导致我极度焦虑和烦躁。加上举目无亲，一种从未有过的孤独，彻夜袭击着我。

就这样，一切都在胶着的状态下，我终于买到了心仪的房子。那段时间，我亲自带着工人装修新房，本来我是学中文的，

却突然在设计甚至色彩搭配上，表现出了少有的天赋，常常是我在墙上画图纸，工人在现场操作。在无数个阴雨和酷热的日子里，在人生地不熟的情况下，我带着工人四处跑建材市场，女汉子一样忙碌着。

折腾了整整一年，中间几次搬家，我们终于搬进了属于自己的新家。

生活似乎归于平静，也有了好的开始。于是我想找一份额外的工作，以缓解我在上海的孤独和无助。

我接任了一本旅游杂志社的总编辑职务。我拼命地工作，用三个月的时间就完成了改版，并且谈下来一大笔的广告费。

不得不承认，生活是残酷的，命运总是在某个不经意的瞬间，把你往死里整，置人于死地之后，却绝对不让你后生。而你这一生要受的苦、承受的不快乐，它也会在固定的时间里，一分不少地还给你。

一次在出差的过程中，我连续几天胸疼。我以为是乳腺出了问题，回到上海后，第一时间去医院做了检查，而且明确要求做乳腺检查。

因为是在国际医院预约看病，所以接待我的医生，四平八稳地咨询了情况后，鬼使神差地给我开了个胸部 CT，并没给我做常规的乳腺检查。

结果 CT 结果出来的当天，医生就给我打电话，说肺上长了个磨玻璃结节，看着不像是好东西，有早期肺癌的可能。但他也同时告诉我，这样不足一公分的结节，很多人会选择定期观察，过一段时间再说，但一切要取决于患者的内心是不是足够强大。

当时医生和我说这些话的时候，是三月的一个午后。上海的天依旧阴雨连绵，乌云压得很低，空气潮湿而闷热。

坐在他对面，听他讲完这些，我心里一片茫然。虽没有惊慌失措，但大脑一片空白，心忽忽悠悠地感觉无处安放。

我对医生说，我需要给我先生打个电话。拨通电话后，我平静地对他说：你来下医院，我好像是得了肺癌。然后我就挂了电话。

放下电话后我神思恍惚地问医生："我会死吗？"他笑眯眯地说："不会，这是早期的原位癌，切了就没事了，都不用化疗的。"

我出奇的平静，但眼泪却不争气地流了出来。现在想想，那个时候，它是我唯一能表达情绪的方式，不哭一下，不足以证明我对这个病的恐惧，不足以表达我的无助和悲伤。

做记者近二十年，见过无数次的生死，亲临过那么多死亡的现场，当至关生死的问题摆在自己面前的时候，还是瞬间被击得晕头转向。好在我很理性地沉默着，一句话都没说。

我和医生无语地坐着，等着先生的到来。我国的医生，在有些时候，是缺少人性化服务的，他们不会因为你挂了 vip 的号，就会对你多一点安慰。

常年无休止地面对生死疾病，或许练就了他们冷漠无情的个性，别人的生死在他们眼里，早成了杯子里随时可以倒掉的白

水，更在他们心里激不起半点的波澜。

手术后才知道，我那个不到五毫米的轻微的小结节，是完全可以不用手术的。即便是手术，他们若能很好地告诉我，情况丝毫不严重，我就不会有那么大的压力，也不至于一下掉进了抑郁的深渊。

先生来了之后，医生简单和他说了情况。他只是握紧了我的手，不知道如何安慰我才好。

走出医院大门的时候，我的心一片凄惶。因为各自开了一辆车来，我对他说："我先走了。"就直接把车开上了高速公路。

几十年来，忧愁郁闷的时候，我经常喜欢一个人，开着车到高速上跑上上百公里，但绝对没有开快车的恶习，我喜欢把音响开大，一路听着喜欢的音乐，保持在 90 至 100 迈的速度行驶，慢慢地让思绪随风飘舞，淡淡地看长空下无尽的云卷云舒。

这一天，却是一种欲哭无泪的状态。飘着细雨的灰色长空，乌云黑压压的一片，无边无际，一片苍凉。

我大脑里一片空白，没有忧伤，没有恐惧，不知道前途后路，更看不到过去和未来。

我驾驶的越野车，茫茫然，没有方向，在烟雨迷茫的长空下踯躅独行。

那一刻，我眼前闪过了很多过去生活的影像，辉煌的前半生：我采访过的人、走过的路，经历过的人和事，无一不在眼前，慢镜头一样重现。瞬间，我觉得自己是如此渺小、孤独，如一粒尘埃，随时都有可能随风飘散。

不得不承认，我们对医学知识的普及较少。在治疗的过程中，我们的医生也大多缺少对病人的心理疏导。这导致了很多明明病情很轻微的患者，因为对病情无知而盲目恐惧，导致不好的后果。

很多病，一旦和癌字挂了边，就可能会让病人陷入巨大的恐惧里不能自拔。

后来我才知道，所谓的磨玻璃结节，早就被国外的医学专家踢出了癌症的范畴。而那时，我却以为自己就要死了。我人生中还没来得及走的一段长路，就将这样匆匆结束。

晚上回到家，躺在五岁的小女儿身边，看着她可爱的小脸，心如刀割。想着没我的日子，她孤独地成长，会是多么的无助和心酸。若碰上一个女巫一样的后妈，她未来的生活将会多么的惨淡痛苦。我禁不住泪落如雨，心一阵阵抽着痛。不得不承认，人在绝望的时候，所有的事情总会先往坏处想。

之后又跑了几家医院，我带着热切的期待，希望能得到一个肯定的答复，但是所有的医生都带着一样的表情冷漠地说："你这个可以手术也可以不用手术。"

我问："那我到底该不该手术呢？"

医生："你自己决定！"这一句我自己决定的话，彻底让我进入了焦虑状态，因为我不知道手术和不手术的区别在哪里？没

人从专业的角度给我讲过，我自己也在网上查不到。在做和不做中间犹豫了一个月后，我还是决定做手术了。

我将我的诊断报告，发给了那个杂志社的社长，他没有一句安慰的话，而是立即让我辞职。走南闯北多年，阅人无数，见过很多恶人，但是像他这么恶毒的人还是第一次见到。

那时他正和他的小女朋友纠缠不清，公事和私事纠缠在一起，搅得单位一团糟。那几天正是发工资的时候，他不但没把工资给我，连该属于我的广告提成费都一分没给，一共六万多块钱。

我一句多余的话都懒得和他说，对于这样的无赖，除了鄙视还是鄙视，何况在生死面前，我已经无暇和这样卑微的人理论，那无疑对我是另一种伤害。我删除了他的电话和微信，再也没有提起过这件事，我觉得这样品行恶劣的人，提起来对我都是一种侮辱。

之后的日子，我每天都在惊恐万分中度过。

紧张、焦虑，成了我日常生活的常态。经过朋友介绍，我们选择了上海市某肺科医院，很有名的一位医生给我做的手术。

手术的前一天晚上，我真正体会了一次什么叫临时抱佛脚的感受，我的各路朋友都给我打来电话，有人让我信基督，有人让我信佛教，因为对未知明天的恐惧，我平生第一次跪拜在床上。

我真诚地祈求他们都能护佑我，让我健康起来，因为我女儿还小，我必须看着她健康地长大，不让她饱受孤独的、失去母爱的痛苦。

人的一生，该经历什么样的人和事，其实早就有了定数，时间到了，你该经历的一切也就来了，不管你愿意不愿意、承认不承认，该你受的苦和该你享受到的幸福，上天一分都不会少地会在该来的时候，以一个合适的方式还给你。

我的前半生，受过很多的苦，也帮过很多的人，冥冥中该接受上天怎样的奖赏，我还不知道。我只知道，今生受过的每一分苦，都是前世的一种亏欠，只是很多没来由的苦难，突然降临的时候，我们从不甘心接受。

我遗传了父亲的基因，天生对疼痛很敏感，因此大学时期，感冒发烧打个针，都能吓晕过去。

手术前，要做定位，远远看见医生在操作机器的时候，手里拿着一尺多长的钢针，人在门外已经吓得浑身发抖。当轮到我的时候，我战战兢兢地走进去，浑身冰冷地躺在定位的机器下，眼看着医生拿着长针走了过来，他还没有动手，我已泪流满面，那种无助，是一种比死亡还要深刻的、窒息般的苦痛。

当我闭上眼睛，浑身颤抖地做好准备等待"拼死一搏"的时候，突然灯灭了，医生告诉我机器坏了，让我再去外面等候。眼泪一下夺眶而出，我委屈得泣不成声。但是我知道，成年人的世界里，很多的苦难，都需自己承受，即便再亲的人，也帮不了你。

那一刻内心的无助和绝望，就像一个人走在漆黑的雨巷，虽然长了眼睛，却毫无用处，寸步难行。

十分钟后，我又被叫了进去，躺在冰冷的台子上，我一直瑟瑟发抖，负责定位的年轻医生看见我这个样子，安慰了我一句说："别怕，就一下，一下就好！"

随后我感觉到一根钢针刺破皮肉，从后背穿了进去……

几分钟后，我被抬了下来，不是不能走，而是被吓得站不起来了。

半小时后，我从病房被推出来直奔手术室。在三楼的电梯口，男护工从先生的手里接过了轮椅，不再让他往前走了。

他推着我一个人上了电梯，电梯门关上的瞬间，我泪如雨下，平生第一次有了生离死别的感受。

那一刻，眼前人成了生命里最重要的，从来没觉得他那张脸那么英俊过。想着如果我醒过来，一定要好好看看。

男护工把我推到了手术室外面的走廊里，让我在那等着，就转身走了。我在走廊上的轮椅里坐了半个小时，也没人理睬。

我于是慢慢站起来，沿着走廊往里走，走廊的左侧，是十三间手术室。落地的大玻璃窗，里面一览无余。

透过玻璃，我看见了冰冷的机器、白色的灯光、正在手术的医生们鲜血淋漓的双手。有两间手术室，我看见护士用托盘端着满盘的切下来的病人的五脏六腑，血淋淋地不忍直视。有那么一瞬间，我感觉恍如隔世。

我如游魂一样，一间手术室一间手术室地浏览着走过去，经过第七间手术室门口时，里面的医生举着滴着鲜血的手对我喊道："你要去哪里？"我有气无力地说："我要去厕所。"他冲着走廊大喊一声："老张！带她去厕所。"

推我下来的那个男护工，不知从哪里冒了出来，跑到我面前，把我带到了厕所旁。

从里面出来后，我看见走廊的尽头，停了一张推尸体的床，白花花的棉絮，沁着鲜红的血，是那么的刺眼和恐怖。

我走到走廊的另一边，从窗户向外看去，窗外就是医院的中心花坛。那一天天气晴朗，阳光明媚。花坛上坐着很多人在晒太阳。一对年轻的夫妻，正在逗弄他们一岁多的小女儿，其乐融融。

那么美好的骄阳，那么耀眼的亲情环绕的场景，生死就在一个过道的两端，简直是人间的一场最大讽刺。

走廊里依旧只有我一个人，我想哭哭不出来，只感觉胸口憋闷，泪水又咸又涩地划过嘴角。

生与死，如此鲜明地对照着摆在我面前，刺激着我本来就敏感的神经。

我不知道在下一次太阳升起来的清晨，我还能不能感受到它的温暖。那一刻，我最想做的就是拥女儿在怀里，轻轻地吻她。

我想起我为了避免不吉利没写好的遗嘱，想起那么多没交代的后事，如果我出不了手术室，就再也没机会交代了。我清楚地知道，我的家人都被隔在了三楼之外，而此刻，我不但不能去找他们，还不知道是不是永别。

我不知道别的病人有没有我这样的经历，总之我是在手术之前，将肺科医院的手术室，当成了展览馆一样，游历了一番。

直到今天，我都不知道，我为什么会被一个人留在手术室之外那么久。以至让我能那么真切地感受到生死的鲜明对比。

护工又是不知从哪里冒了出来，带我来到我的手术室旁，他一按按钮，手术室的门就带着冰冷的刺激性的声响，慢慢开启了。我一把抓住那个男护工的粗糙的手，带着哭腔说："我怕。"他说："别怕。你自己先进去待会儿。"

把我关进去之后，他站在玻璃门外看着我，我无助地哭出了声，这是一种温水煮青蛙式的折磨人的过程。

哭了几声后，我忍住了，说："你走吧，我自己在这哭会儿。"

说完，我转过身想到手术室角落的椅子上坐一会，走过去一看，椅子上放了一块厚厚的海绵，已被鲜血浸满了，我又哭着走回了门口。

说实话，这么多年在一线做记者，亲历过无数的死亡场景，也见过很多流血的场面，却从来没有这么脆弱过。

这时候，我连站着的力气都没有了，我一心盼着医生们能快点出现，手术快点开始，好早点结束这一幕一幕凌迟致死般的精神折磨。

这时，门开了，一个小护士走了进来，我一把抓住她的胳膊，像个无助的孩子一样说："我好害怕啊！"她说："你别怕，去，躺床上去。"

我乖乖地躺在了床上。她又走了出去。不知过了多久，一个系着花头巾的男人走了进来，从来没有那么真切地面对过一个"娘娘腔"，我的第一直觉就是，他是个同性恋。他有点不高兴地说："我去找你的家人了，找不到。"

现在想想才明白，有些做手术前要给医生和麻醉师送红包，而我做记者多年，从来不屑于这个流程。我的家人在国外生活多年，也多是不谙世事的人，我们不但没给麻醉师送红包，更没给医生送红包，我想这可能导致我此次手术经历了那么多的波折。

麻醉师冷冷地说："把手伸出来！"

我伸出了手臂，他一针下去，我疼得大叫起来，眼睁睁地看着我的手臂上，立即鼓起了一个又青又紫的大包，他气急败坏地拔出了针说："这针白扎了。"接着又在我的另一条手臂上扎了一针并大喊："你别动！"我痛得都快吐了，再看另一只手腕上又鼓起来一个大包。

我说："求求你了，能不能换个人来扎，实在太疼了，我好怕。"

他没理我，抽出来一根很长的针对着我说："这次我扎你的颈动脉，你别动啊！"我问："这次能扎上吗？"他说："那谁知道啊？"接着一针下去，我很快就失去了知觉。

等我被叫醒的时候，我听见护士在高叫着："佳琳！醒醒！你没事啊，病灶什么都不是啊！手术很成功，老刘，给十三床那

男的换尿片，他尿床了。"

迷迷糊糊间，我知道我又活了过来，感觉有人在我脸上亲了一下，我感受到了家人温暖的气息和生命鲜活的力量。

手术成功了，但手术前经历的一切，再回头看，却给我造成了极大的心理应激障碍。

加上手术后，医生切了就完了，没人给我相应的心理疏导。我不知道这个病，对我到底是个什么样的结果，我开始胡思乱想，夜不能寐。手术之前造成的心理恐惧障碍，让我一看见医院就双腿发软，浑身冰冷。

手术一个月后，我开始出现焦虑、恐惧、失眠等一系列症状。越失眠，越恐惧、焦虑；越焦虑、恐惧，越失眠严重。这一系列的恶性循环，彻底击垮了我，让我出现了头晕、心慌、四肢无力等症状。

我每天都忧心忡忡，烦躁不安。一丝一毫的声响，都能刺激到我敏感的神经，让我跳起来抓狂。

我感觉自己的脑神经，就像一个失控的电风扇一样，昼夜不停地旋转。我无法让它停止胡思乱想。昼夜的失眠，又让我更加恐惧，我害怕因为失眠，导致身体无法恢复，甚至猝死。那段时间，我对死亡产生了从未有过的恐惧。

我停止了工作，看不到未来的方向。手术前后身体和精神上的双重伤痛，彻底击垮了我。

我忧伤，烦闷，对生活极度绝望。我感觉自己就像一个溺水的人，因为窒息而拼命挣扎，越挣扎越窒息。

因为失眠，我开始服用安眠药，不吃安眠药就无法入睡。我每天焦躁不安，无所适从，一到下午五六点钟，人就开始进入极度紧张、恐慌的状态，感觉有什么东西抓住了我的神经使劲蹂躏。

我每天只要往床上一躺，就感觉自己快死了。就担心我死了孩子该怎么办？切掉的小结节会不会再长出来？

我终日活在焦虑、烦躁的状态里不能自拔，忧伤使我完全失去了生活的动力和乐趣，眼睛里看不到生活的快乐和美好，即便置身于一个环境优美的地方，吃着美食、看着美景，我依然内心凄楚、惶恐，强颜欢笑。

因为忧伤和焦虑导致我浑身到处不舒服。那一段时间，跑医院成了生活的常态。无数个夜晚，我胸闷气短、无法呼吸，几次还被救护车拉去了急诊，我无声地在暗夜里挣扎。

我感觉自己正在慢慢地死去，于是对死亡的恐惧，死死地牵制着我。

一天，当我又胸闷气短了一个晚上，折腾得死去活来的时候，早晨，在上海五月缠绵的阴雨里，我病恹恹地有气无力地再次坐到了心内科的诊室里，凄楚、哀怨地看着那个美丽的女医生一言不发。

她也没说话，一直看着我。不知道过了多久，我说："我快死了，我感觉好孤独无助。"

说那话的时候，我感觉自己的身体，正慢慢地向水底沉去，拼命地想抓住一棵救命的稻草。她站起来拥抱了我一下说："你知道你多美吗？你不会死的，上天舍不得带走你，我今天不给你做任何检查，我觉得你没病，你有点抑郁，你去看看心理医生好吗？"说完，她没等我说话就拨通了她朋友的电话，叽里呱啦地用上海话说了一通。

当"抑郁症"这几个字从她嘴里说出来的时候，我的眼前立即浮现出十年前陪一个女同事去看病的场景。

她当时有点轻微的抑郁，失眠严重。她进去和医生聊了很久，我坐在走廊里等她出来。旁边坐着一个对老年夫妇，眼睛直直地看着前面在走廊里来回走着的女孩。那女孩一边走，一边嘴里碎碎念地叨唠着什么，走着走着，还不时地往墙上踢一脚。走在她旁边的一个外国男孩，过一会儿就抓一下她的胳膊。

那阿姨转过头幽幽地看着我说："姑娘，你也是来看心理医生的？"我说："我陪同事来的。"

"告诉你同事，千万别吃抗抑郁的药。你看，那个是我女儿，在国外读书的时候得了抑郁症，医生给她开了治疗抑郁的药，越吃越严重。吃了三年了，现在想要孩子，一停药就这样了，疯疯癫癫的，本来还没这样。"说完她哭了起来。

这位阿姨说这话的几年后，四川地震采访回来后，单位请了个心理医生，给我们去了一线的记者做心理辅导。

那时，那位心理医生也给一些情绪不稳定的记者开了一些药，因为前面有这个阿姨的忠告，所以我根本没吃。

这次医生再次提起这个事，我的内心充满纠结，一方面被病痛折磨得死去活来，一方面又对心理治疗有着极强的抵触，为此，我开始了又一轮的迷茫和彷徨。

但我知道，这次我是真的病了，我得了抑郁症，这是不争的事实。

第二篇

求医问药之路

于是我开始每天上网去查找治疗抑郁症的方法，只要是觉得有效的方法，我都愿意去尝试。因为我知道，只有尝试了，才能知道有没有效果。

三十前，我不知道什么叫抑郁症，更不知道焦虑是什么东西。但现在想想，每一个看似青春期以泪洗面、孤独无助的日子，对我现在生活的影响，都是那么的根深蒂固。

　　我无法走出童年生活的阴影，以及成长过程中所受到的每一次心灵的重创。当我真正坐下来回忆起这些，那些看似不经意的往事，历历重现。我看见孤独、年少的我，充满哀伤和无助的样子。根植于内心的悲伤和苦痛，充斥着我整个的童年和少年时期。

　　我生长在一个兄弟姐妹众多的家庭里。父亲是新中国成立以后第一批大学生，琴棋书画无所不能。二胡、小提琴等这些他拉得样样都好。每到春节，家里家外，都是排长队找他写春联的人。他不但英俊还有着文人全部的特质，若不是他暴力倾向严重，我想他应该是我从小到大最崇拜和爱慕的人。可惜，整个成长过程中，我对他都充满了鄙视和憎恨。

我的母亲，虽是典型的家庭妇女，但她的身上却凝聚了勤劳、勇敢、智慧的无上美德。她和父亲结婚时，还是抗日战争时期，完全的包办婚姻。长大后，为人妻人母后，我才理解她，作为一个女人深深的苦闷和伤痛。在那个封闭的年代，离婚是不被理解的丑事，于是，忍耐就成了她唯一的法宝。

她们的婚姻悲剧，只有长大后，在接受了高等教育有了自己爱的人后，我才彻底明白。文化的差异，导致精神和心灵的疏离，是无法用柴米油盐和生儿育女的本能来弥补的。

而父母婚姻生活的不幸，对孩子们后天精神上的影响，是那么的巨大和无形。当我从小就目睹母亲常常被打翻在地，甚至头破血流、无助哀伤的样子时，我对父亲充满了仇恨。

有一次，当我扶起被打伤的母亲，对凶神恶煞一样的父亲怒目而视时，他受不了我的眼神，一巴掌也将八岁的我打晕在地。从此，我的悲伤逆流成河，我对家庭的厌恶到了极限。

母亲的痛苦，无一不以一种无能为力的状态，转化到我幼小的心灵上。在我瑟瑟发抖地躲在墙角哭泣的每一个黄昏或日落，我唯一能做的，就是充满哀伤地幻想着，自己能够变成神话故事里的灰姑娘，等待着那个传说中的白马王子来拯救我。

但整个童年，我没有等来那个可以带我脱离生活陷阱的王子，却等来了我三哥更加变本加厉的折磨。

我三哥大概比我大五六岁的样子，我八岁的时候，他就得了很严重的肾病，浑身浮肿。在我幼小的记忆里，他的脸永远都是苍白而肿大的。少年的他，因为疾病，也辍了学，加上不能剧烈地活动，烦躁的时候，他就以欺负我为乐。

我八岁开始读书，小学三年级的时候，就已经读完了所有的中外名著，这是父亲唯一对我的有利影响，但我也因此对生活里所有事物的感知更加敏感细腻。

我喜欢每天写日记，记录生活里的琐事，还有自己的喜怒哀乐。我的日记，就是我最好的朋友。我可以和它倾诉我的快乐和悲伤，它是幼小的我全部的内心世界。我在日记里表达对父亲家暴的憎恨，对生活的无助和命运不公平的感叹，同时也表达对现实生活无力反转的痛苦。

本来就生在缺少爱的家庭，因为三哥的生病，生活对我来说就更变成炼狱一样的日子。每次只要他心情不好，他不但会没缘由地骂我，还会经常把我的日记偷出来，当着家人的面大声地朗读。有时候他还会动手打我，偶尔有同学来找我，遇到他心情好的时候不说什么，心情不好的时候，直接把人家赶出去。这些都极大程度地伤害了我的自尊心。

我从小就害怕各种小动物，更不敢摸它们的毛，一摸上去，我就会浑身发抖。三哥就逼我每天去抓鸡，我不得不听他的，因此每次都是痛苦地把鸡抱在怀里，它们的毛发和温热的体温，在我手里就像烙铁一样灼烧着我，每次我都会痛哭流涕。

有一次，他把一只大山羊赶到了我身边，八岁的我生生地被大山羊顶翻在地。大山羊的羊角还不停地顶我。

我吓坏了，拼命地喊叫，三哥在一旁大笑，而母亲忙着手里的活，一声不吭。因为三哥的病，他欺负我的时候，父母从来不管，都不敢惹他，怕他不开心，病情加重。这就更导致了他变本加厉地欺负我。

那一天我哭哑了嗓子，也没人来解救我。我平生第一次，对母亲产生了恨意。八岁的我，也第一次产生了离家出走的念头。

不知道过了多久，我哭累了，在地上睡着了，那只可恶的山羊也放过了我，不知所踪。

傍晚的时候，我跑进了家后面的大森林里，走进了森林的深处，迷了路。森林里常年有野鹿和黑熊。多亏那是个温暖的春夜，家人找到我的时候，我正坐在一处墓地旁哭泣，手里捧着采来的一大束鲜红的野百合花。

从那以后，三哥欺负我又多了一个借口，他每次生气，必会恶狠狠地赶我走，要我离开这个家，永远不要回来。每次他都说："有本事你走啊，死在外面好了，再也别回来。"

他所有的话，对年少的我，都是一种刺激和羞辱，导致不足十三岁的我，一次次冲上了铁轨，和远远开来的火车对着奔跑。年少的我，一心想着死去的刹那可以飞跃去天堂，找到一个有温暖有爱的家，幸好，几次我都被路人拉下了路基。

命虽然找回来了，但我变得越来越沉默寡言，很多时候，动不动就暗自流泪。我喜欢一个人坐在风雨里，喜欢在春天或秋天的晚上，静静地坐在山脚下看落日，听风声起起落落，想象着自己已经长大，变成了一个美丽的大姑娘，有了一个自己的小房间，和一个可以抱在怀里的布娃娃。

我似乎看到了外面色彩斑斓的世界，看到了未来美好的生活，我甚至渴望人贩子能把我拐走，只要他们能供我读书，让我长大。

那时候，写日记，成了我唯一的感情寄托。我有时候一天可以写一本日记，抒发自己的梦想、快乐，当然绝大多数是忧伤。但日记经常丢失，不是被三哥撕碎，就是拿出去给家人们到处念，惹来一阵嘲笑声，让我羞愧得无地自容。因为我在日记里，几乎记录了对所有家人的憎恨，这让我很是尴尬。但日记无论我藏在哪里，他都能够找到。

我变得敏感脆弱，经常没缘由地在下课的时候躲在操场上哭泣。好在从小到大，我都是好学生，在每一个学校，都能得到老师们的喜欢和呵护。他们宠爱我，照顾我，从来不批评我，所有的表现机会，都会留给我。这让我在成长的过程中，多了很多希望。我努力学习，奋发向上，我唯一的理想就是离开家，离开欺负我的三哥。

当时幼小的我，对他恨之入骨，我以为这种仇恨会持续很多年，但善良的我终究割舍不下亲情，在我工作几年后，他得了尿毒症需要换肾的时候，我还是毅然地从准备买房子的钱里，给他拿出了三十万元换肾。虽然手术失败，但我作为妹妹的情谊是不容否定的。

当医生再度提出抑郁症这个词的时候，回到家，坐在阴雨绵绵的窗口，回忆年少时期的经历，我在网上查阅了关于青春期抑郁症的特征后，想起那个时候的种种表现，觉得那时我就应该有抑郁的倾向。好在当时，我一直深得各个老师的喜爱。他们给了我许多的鼓励和温暖，让我忽略了这个问题，同时那个年代，似乎抑郁症这个词也没什么人知道。

上大学后，环境的变化，加上我在学校里万众瞩目，意气风发，我变得开朗活泼了很多。我并未觉得自己有什么不对劲。纵观我的成长经历，我倒吸了一口凉气，我判定自己青春期时就曾得过抑郁症，只是那个时候我不知道。而如今，环境变化和一场手术，再次把我和它结了缘。

怎么也是受过高等教育的人，我觉得我还是要相信科学，这次的抑郁情况，已经超出了预期，我决定要去找那个心理医生，好好地接受一下治疗。

第二天，我如期到了 VIP 预约诊室。结果来了个很年轻的女医生，那个主任没来。她问了我很多让我反感的私人问题，我不是很愿意回答。于是这场心理问诊就结束了。

她给我开了一种精神类的药物，让我回去吃。治病心切，我当即就吃了一粒，结果吃了三天我就开始浑身发抖，四肢无力，手抬起来就抖。

我打电话过去，护士咨询了开药的医生之后回复我说，这是正常的药物副作用，没事儿，要坚持。我又坚持服用了几天，到第八天的时候，实在是四肢无力、手抖得更厉害。我再次打电话过去，询问怎么停药，听说精神类的药不能说停就停，所以我想着问问怎样才能逐步减少药量停下来。结果护士说让我必须亲自过去，再挂一次号，当面才能告诉我。

我是在国际医院看病的，每看一次病，挂号费就是 800 元。本来一句话就可以解决的问题，我打了好几遍电话医生都不肯告

诉我。她无非是想让我再去一次，多花一次挂号费。

我很生气，就自己打电话找那个年轻的女医生，请她告诉我怎么停药，一句话的问题为什么还要让我再跑一次？她在电话里说："想要知道怎么停药，必须再过来挂一次号才告诉你。"然后就挂断了电话。

我气得半死。果断地自己把药停掉了，但是所有的问题依然存在，我还是失眠严重，各种不舒服天天折磨着我。于是我又给那个主任打了个电话，这次请她亲自给我做心理治疗。

见面之后，她关上门，不问我的病情，却说："你有什么要倾诉的吗？"

我说："我浑身不舒服，但又查不出病，我没什么要倾诉的。"

她说："你和你先生的夫妻生活好吗？"我很尴尬，沉吟了一下说："夫妻生活，谈不上好坏，因为聚少离多，他总是出差，过去我也经常出差。"

她问："一个月几次。"

我："近一年没了，我没心情。"

她："他是干什么的？"

我："外企公司的 CEO。"

她："这就是问题的所在，他是不是有外遇了？他们被你发现了，然后你们夫妻感情不好，你又没有勇气离婚，就开始郁闷。你这是典型的抑郁症。"

对她这种想当然的推断，我被惊得目瞪口呆。

我说："你怎么知道他有外遇的？我又为什么没勇气离婚？"

"我每天都问这种问题，十个有九个女病人都是这种情况，女人到了一定年龄，人老珠黄，加上老公条件好，为了钱也舍不得离婚，只好忍气吞声。"她很不屑地说。

我看着她沉吟了一会儿没说话，她又问了些其他的问题，我一直没回答。最后见我不说话，她迅速地给我开了些药，然后把药方递给我，问："你还有什么要问的吗？"

我直视着她说："他有没有外遇我从来没发现过，但我可以告诉你的是，我不会忍气吞声地过日子的，如果我发现他有外遇了，我会立即踹了他。离婚没什么了不起的，我不用靠他生活，我自己的收入足够我活得很精彩！"

说完我站起来，看都没看那个处方，直接就扔进了她旁边的垃圾桶里。我平静地对她说："心理医生不该有窃私癖。"然后转身走出了诊室，但转身的瞬间我还是流下了眼泪。无助、悲伤、绝望，甚至屈辱，腐蚀着我的心。

回到家里，我躺在床上，四肢无力得发抖，先生从回来就一直在电话会议。在开会前，他小心翼翼地过来对我说："我就开一个小时的会啊，然后就没事了。你想吃啥我让保姆给你做，一会儿我去接孩子。"

我病恹恹地没说话，但心里很不是滋味。

我又去网上浏览抑郁症的情况，突然看到一篇文章，名字不记得了，但也是这篇文章彻底唤醒了我，让我开始有了自救的意识。

写文章的人，是一个移民加拿大的男士，他用极其哀怨的笔触，讲述了他们一家移民加拿大后，妻子得了抑郁症，一家人陷入绝望的痛苦过程。

他的妻子是一名中学的教导主任，出国后一直找不到工作，后来到一家制衣厂去打工，刚干了几个月，就被开除了。之后她得了抑郁症。

这位妻子，每天躺在床上，他先生晚上下班后，匆匆回家做好饭，再扶她起来吃饭，吃完饭后，把碗筷交给十岁的儿子去洗，然后再陪她出去散步，每天中午，还要打电话回家，关照十岁的男孩给妈妈做饭，问孩子妈妈的情绪好不好。这位丈夫，字里行间都透露着绝望的气息，说妻子抑郁三年，快把他也拖垮了。我头晕眼花地看完了这篇文章，心里翻江倒海般难受。

读这篇文章的时候，我感觉到了那位丈夫窒息的压力。我想：抑郁症又不是神经分裂，又不是瘫痪，这位妻子为什么不把躺在床上的时间，用来去给丈夫孩子做饭？为什么她不自己出去散步？她得了抑郁症，自己生活得如此痛苦，为什么还要让全家连带地承担她的苦痛？夫妻也罢儿女也好，谁都不该成为别人的负担，在任何一种关系里，给别人带来快乐，才是这种关系长期维系的基础。

我当时就想，抑郁症既然是精神类疾病，只要不是精神分裂，那就应该通过意志能够控制。纵观自己，我虽然情绪抑郁、失眠、焦虑，但我思维敏捷，自控能力很强，行动自如，和正常人没任何区别。那个妻子的状态，让我百思不解。我整整思索了一个晚上，抑郁症，该不该自暴自弃？该不该从心理上去依赖别人，我们能否做到独立自主地生活和工作？

想起这段时间，先生每次回家紧张的样子，女儿也总是要看我的脸色，我突然很内疚。好在，我还没有给他们造成那么严重的压力，我大多数时间都是在自控的情况下生活并与家人相处的。

想到这里，我跳下床，写了张纸条，从门缝里给先生塞进去，就开车去接女儿放学了。

一路上，我反复试探自己的胳膊、腿，都是健康的，虽然有些无力和酸软，但还是活动自如。再对着后视镜看看我的脸，我依然还年轻，虽然苍白，但也算好看。若不置于繁花似锦的天地间，真的就辜负了这一场韶华。我心底突然生出一种信念，我一定要想办法治好自己。

接到女儿的时候，我故意笑容满面，和她说着笑话。女儿高兴地说："妈妈你今天这么开心啊，好久都没看到你开心的样子了，前段时间总看见你愁眉苦脸的，我很担心。"

听了她的话，我心里一惊，也有些难过。因为我给她造成心理压力很不应该。我故作轻松地说："有吗？前段时间我身体很不舒服，以后不会了，妈妈现在身体好了，以后每天我都会高高

兴兴的，你放心吧。"

看见女儿开心的样子，我一阵心酸，暗下决心，我一定要让身边的人快乐，给他们温暖。他们虽然是我的亲人，但都是独立的个体，谁都不该人为地成为别人的负担，夫妻、母女一场，也不过是一种亲近的契约关系，我有责任尽全力让自己快乐，让他们快乐。

于是我开始每天上网去查找治疗抑郁症的方法，只要是觉得有效的方法，我都愿意去尝试。因为我知道，只有尝试了，才知道有没有效果。

有人说要找人倾诉，多和朋友见面聊天，就能得到缓解。第二天在上课之余，我就约了女儿同学的一位家长，一起吃饭聊天。

那一天，这位富婆家长带了个比我年长的女性朋友。这位朋友是子宫癌的早期患者，手术一年了，是个全职太太。

整个谈话中，她一直在碎碎念地谈她的家事。她的先生外遇多年，为了优渥的物质生活，她一直不肯离婚，但生活得极其不快乐。我感觉到，她语无伦次，精神极度抑郁。我们两个人几乎一直就听她一个人在唠叨。心理医生的话，在她身上得到了很好的验证，最后她先走了一会。她刚走，作为她朋友的家长，就开始嘲笑她，我目瞪口呆。

我替她说了一句话："也许是她心情不好吧？"

这位家长说："一件破事说一千遍了，烦死人了。每次都是这样唠叨，真是要命。"

听了她的话，我的心针刺一样的疼。

其实在上小学的时候，我就看见过一段话：这个世界上的人都喜欢看悲剧，也会在看悲剧的时候流眼泪，但在现实生活里，当一个人的悲剧真的摆在他们面前时，他们不但不会流眼泪，还会朝他吐口水。我牢牢地记住了这段话，它成了我后面人生里的座右铭，再苦再难的事，我都不喜欢和别人讲，哪怕是最亲近的人。

今天家长的话，再次验证了我的座右铭是对的，我立即在心里否定了找朋友倾诉的这个方法。我突然问："我是不是也很唠叨？"

她说："你，你没有啊，你总是小心翼翼，轻易不开口。"

我淡淡地笑了一下说："因为我知道，很多事说了还不如不说。"

她笑着说："你是个心机婊。"说完大笑起来。

听了她的话，我心里特别不舒服，敏感的我一直在想，她怎么会用这个词？她难道一直都是这么想我的吗？

离开后，我给姐姐打电话叙述这个过程，姐姐说，她不过是在开玩笑，而我却为此难过了好几天，在这个字眼里纠结难受。

第三天，我总结出一个经验，人在情绪极度焦虑抑郁的时候，是不适合与人过多接触的，因为这个时候，处于抑郁和焦虑状态的人，更加敏感多疑，此时的社交多属无用或反面社交，甚至会因此疏远与朋友间的感情。

想起前段时间，我一难过就给我一个十多年前的好友打电话，我没事找事地和他聊天，情感上过于依赖他，而且总是莫名其妙因为他的一句话就胡乱猜忌，导致他经常诚惶诚恐，因为我突然的生气而莫名其妙。现在再回头看，我是多么感谢他的包容和忍让。

我一直在上海的某高校做客座教授，给学生们教实用新闻写作。那时候，焦虑导致的失眠和抑郁，常常让我胸口像压了块石头一样憋闷喘不过气。

我每周要一次去上四节课，教室在一楼，有那么几次，在上课前十分钟，我不得不跑出教学楼，抱住一棵树，用手扣着喉咙让自己大吐一场，吐完了会感觉不那么憋闷，上课的时候才不会显得上气不接下气，才不会浑身发抖。

每次，当我采取了点措施，人为地让自己舒服了很多，我就会越发觉得，抑郁症其实是可以用意志控制的。但我还是没找到足够的理论和方法来进行支撑。

在这个过程中，因为总是在一种溺水般的状态里挣扎，我觉得自己越来越无助和孤独，而那种无法言语的病痛，在每一个不眠的夜里折磨着我。每到下午四五点钟，情绪就开始像脱缰的野马一样失控。我开始焦躁不安，心里像百爪挠心一样的难受，因为胸口憋闷，总想发脾气，但是我忍住了不发，我知道我没有理由对我的家人发火，他们是独立的必须要尊重的个体，即便是再亲的人，也没有理由承担我不尽的痛苦，我所有的一切都要自己来承担，我的责任是要带给他们快乐而不是烦恼。但我常常还是发了脾气，发完脾气后我就后悔，立即道歉。每每我清醒的思维和理性都让我更坚信，我虽然得了抑郁症，但我是个正常人。

我一心想治好自己的病，有人让我念经我就念，但我是个绝对不盲从的人，最后我彻底知道宗教根本改变不了我的命运，更治不好我的病，所以不愿意再浪费时间和精力。

这期间，一位师姐给我介绍了一位所谓的"大师"，说他隔着大洋，都能给别人传送功力，治好病人的病。她信誓旦旦地告诉我，她曾经有三年的时间失眠，无法睡觉，就是这个大师给他治疗了两三次，就彻底好了。而且她母亲得了肠梗阻，都没去医

院，"大师"就发了一首他自创的曲子，她母亲听了几遍，肠梗阻就好了。因为是身边的熟人，加上她讲的又是亲身经历。我自然病急乱投医，想着去看看。

我买了一张飞深圳的机票，就赶去找"大师"了。

见到那"大师"后，他说："我治好过很多像你这样的病人，只要我发功还能开启你身体里的潜能，很多人因为接收了我的功法之后，不会弹琴的，走到钢琴前就能弹奏繁杂的曲子，不会跳舞的，也能跳芭蕾舞了。"

那时候，我已经失眠近三年，饱受无法入睡和焦虑的折磨，生不如死。现在回想起来有点惭愧，做记者多年，走南闯北，也算是见过大世面的人，但久病就像枯木盼逢春，太希望自己能一夜好起来，因此也就一下子把这位传说中的高人，当成了救命的稻草。

他说这话的时候，我倒没希望自己能出现举手就能弹琴，抬腿就能跳舞的奇迹，眼前却浮现出我倒头大睡甚至嘴角还流着口水的睡相。那时候，消除焦虑的情绪能睡个好觉，是我全部的愿望，哪怕睡得像猪一样，又有何妨？能吃能睡，是我唯一渴望的幸福模样。

"大师"带了两个女徒弟在一间茶室里落座，让我坐在对面。"大师"闭上了眼睛，将手放在了腰间，说："怎么舒服怎么坐，躺着也行，我们这样就可以传功了。"两个面色青黄的女徒弟，各占据了一只沙发，用手支着头躺下，闭上了眼睛，其中一个还不停地打嗝，发出老牛反刍一样的声响。大师说，你也可以躺下，想睡就睡，闭上眼睛，我们已经开始给你传功了。

我依旧正襟危坐，闭了一会眼睛，被其中一个女徒弟的呼噜声吵得睁开了眼睛。我看见沙发上两个中年女徒弟已经睡着了。而老师紧闭双目，手放在腰间，虽然没打呼噜，但从他的呼吸声里，我判断出，他也睡着了。

我冷冷地看着他们。心里突然生出一种悲凉，想着我这样的人，却因为抑郁的原因，坐在这里，笑话一样地接受着这荒诞无稽的"治疗"。这一生，读过的书，走过的路，所有的见识真的算是白费了。

我再也不肯闭上眼睛，对他们酣睡着的丑陋的脸不忍直视。我茫然地望向窗外，窗外绿树成荫，阳光温暖，生活是那么的美好，而我似乎和这个世界隔了道屏障，我触摸不到生活的温度，我陷入了一个可笑的、可悲的、挣扎不休的境地里求医问药，笑料无穷，想到这里，禁不住流下了眼泪。

静谧的空间里，只能听到他们的呼吸声。我的心充满悲凉。我多想伸出双手，去触碰这个温暖的世界，去感受阳光，感受那芳香四溢的春色。

不知道过了多久，大师睁开了眼睛，并且用力咳嗽了一声，以唤醒他的两个女徒弟。几个人依次醒来坐好。大师问我："你有没有接收到我们的能量，有什么感觉？"我苦笑了一下，说："没有，什么感觉都没有。"大师表现出明显的不悦，说："怎么可能呢，这么强的能量？"我一言未发。

他沉吟了一会说："那我们采用音乐疗法，你跟我唱，1234231，其实就是《打靶归来》中的一段，这是我自创的，你不要唱词，就唱音节，就能治疗你的睡眠。"我茫然地看着他，淡淡地说："这个歌我会唱。"此时的大师，已经非常恼火了。为了照顾他的情绪，我还是跟着他那五音不全的唱腔唱了几句，心里却在想，本姑娘大学的时候，可是得过卡拉 OK 比赛冠军的，就您那走调的唱法能治病，我这好听的歌喉也算是白瞎了。

"大师"又演了一会，就到了中午吃饭的时间。他说："现在先休息，下午继续。"我出来就给那位介绍我来的师姐打了个电话，和她详细地表述了治疗的过程，她说："你相信我，我就是这样被治好的，我曾经失眠比你严重多了，昼夜都不睡，我都去过精神病院买过治疗精神病的药吃过，就是他三天就给我治好了，你一定要坚持啊。"

听了她的话，我沉吟了一会说："好吧，看在我交了的那一万块钱的份儿上，我再坚持两天。"

接下来的两天，依旧是"睡觉"，唱五音不全的音律。每次"大师"都要例行公事地问我，接收到超能量没有，我每次都坚定地回答没有，一心盼着快点结束这场闹剧回家。

他们基本晚上十点前，都不会放我回宾馆。

现在想想他们也是蛮辛苦的，每天陪我折腾一整天，晚上趁着夜色年轻一点的女徒弟，会把我送回宾馆。每天回到宾馆，我依然无法入睡，心里又多了份无奈和对自己的怜悯，更加焦虑和难受。

孤独比死亡还可怕，侵蚀着我脆弱的心。每每倚窗望向漆黑的暗夜，我常常生出放弃生命的念头，可是每次这个念头跳出来，就会想起年幼的女儿可爱的小脸，想起那个被我布置得温暖舒适的家，想到我这一生走过的很多路和那些未了的心愿，就会心生不甘，就会泪如雨下。

说好是三天，到第三天中午快结束的时候，我已经是吸着气在强颜欢笑，在给那个所谓的"大师"一个面子。

当他再度问我，有没有接收到他们的超能量的时候，我斩钉截铁地大声回答说："没有！"

他开始暴怒，吃饭的时候，他对着他一桌子的弟子大声地说："有些人真是虚伪，明明接收到了满满的超能量，却假装说没有，真是太可恶了！"

我也开始愤怒起来，但想想还是忍住了，说．"大师，某些人真是没有接收到您的神功，我承认，这个世界存在很多超能量，也存在很多科学解释不了的来自第三世界的神秘力量，但是某些人，好像真没有那么幸运，您知道吗？我也想在三天之后，就能成为贝多芬，走到钢琴前弹奏一首旷世的神曲；我也想伸出

手臂就能跳舞，只可惜我什么都没接收到。跳舞、弹琴对我都是奢望，能让我像猪一样睡一觉，这个简单的奢望，我都没等来。我比您更绝望！"

说完，我强忍着眼泪，走出了他们的屋子。一个人到山脚下，狂乱地走路。我拨通了先生的电话，给他哭诉这是个怎样的骗局，哭诉我明明看到是个骗局，还要在这个局里小丑一样地演戏的悲凉。

先生很心疼我，他长久目睹我被失眠、焦虑折磨的苦痛，但却深感无能为力。

他轻声地说："无论如何，毕竟是师姐介绍的，你忍一忍，回来就好了，不要和他们发生冲突。钱都交了，你再忍耐半天，明天就回来了。

我气呼呼地挂了他的电话，努力让自己平静下来。我坐在墙角的长椅上，看见墙边有一组雕像：一群青铜做的小孩，一个接一个做成人梯的样子，顽强地在爬那面高墙。

我突然有所触动，我们人生的每一个阶段，都有可能因为这样或那样的事情，被阻隔在高墙的一边，但只要不肯放弃，就总有翻过去的一天，翻过去就是另一番天地。在过去的很多年里，我从未被困难打倒过，也没遇到过解决不了的难题。从小的生活经历和后面的工作经历，都赋予了我坚强、勇敢、永不言弃的韧性。

那一刻，在绿树繁花的陌生街头，在绝望的瞬间，因为那几个准备翻墙的儿童雕像，我似乎又看到了一线生机。

我淡定地回到他们的房间，微笑着说："下午的课，我不准备上了，我要回上海了。"我丝毫没有提退钱的事。我心里想，不就一万块钱吗，他们装神弄鬼地也忙活了好几天，我就当丢了好了。

他们也似乎恢复了平静，告诉我晚上8点，会准时给我发送频率信号，助我睡眠。让我回去后，七点半准时躺到床上。

我笑而不语。

我最大的缺点就是对陌生人或朋友，从来说不出难听或拒绝的话，很多时候，我都会忍气吞声，也给自己无形中制造了很多的烦恼。

回到家的晚上，他们果然让我七点半就去床上躺着，我因为在外面连续折腾了几天，也感觉真的很累，就在七点半躺在了床上，也想看看他们还能玩出什么新花样，这也算是一种人生经历。

七点五十五分的时候，他们准时给我打了电话，并把那位"大师"的一段五音不全的唱音发给了我，让我一边听一边接收"信号"，说这样就可以睡着了。

我心里暗想，难道你们发射的是火箭吗？有什么超能量能远隔千山万水，从空气中飘来？这真的比发射一颗火箭还要厉害。我依然没法入睡，辗转了一夜。

第二天当他们又打电话的时候，我没有接，但他们拼命地打，这突然激起了我的愤怒，我接了电话，大声地说："立即退钱给我，一分都不能少！否则我就报警说你们诈骗！我是病了，

但我并不愚昧也不傻，我一直忍耐着你们，是为了给朋友一个面子，现在我谁的面子都不想给了，我只想给自己一个面子，我也不想浪费我那辛辛苦苦挣来的钱，立即退还给我！我有那么好欺骗吗？"我几乎是咆哮着说完这番话的。"大师"在五分钟内就从微信上删除了我，而那个助理，也几乎在几分钟内就给我转回了一万块钱。

我恶狠狠地收了钱，对着手机屏幕说："姑奶奶是得了抑郁症，不代表我就是个没有智慧和分辨能力的傻子！"

此话一出，我顿时愣住了。是啊，我虽然抑郁了，但我的思维还很灵活，我还能自主地控制自己的情绪，我既然能自主地控制自己的情绪，就说明我还有救，只是我还不知道该从哪里入手。

身体，依旧在失眠和焦虑的重压下，日渐虚弱。这时候，安眠药，已经从最初的一粒增加到了两粒半，甚至三粒，而且一夜还睡不到两三个小时。

一天深夜，在漆黑的暗夜里，我无助地躺在床上，对着上苍悲戚地说："我的前半生，帮助过很多人，我曝光过那么多社会的阴暗面，我救过被拐卖的妇女，我那么善良，从来没求过回报，不是说好人有好报吗？为什么不给我回报？"

后面我又折腾了几次，把能试的方法和从别人那里听来的方法都进行了尝试，但是一切都没有任何的改变。

冬天过半的时候，黑夜越来越漫长，所有的日子都变成了一种煎熬。我就像一只困兽，在暗夜里寻找着光，期待着春天的到来，希望我的生命能像春日的骄阳一样，有一天喷薄而出，带着新的力量和气息，重回如花似锦的人间，可是寒冷的日子，是那么的幽暗，让人看不到希望。

能用的方法试过了，不管用。我又在朋友的介绍下开始服用中药。

朋友给我介绍了一位远在重庆，据说医术和道术同样高深的民间中医给我，同样是他自己用过效果奇佳的高人。

朋友是个上市公司的老总，他曾得过轻微的抑郁症，也严重失眠，去北京遍访过名医，吃了很多中药，都不管用，是这位民间高人，只给他吃了几副药，就好了。听了他的介绍，我已经绝望的心，又燃起了希望之火。

听说这位名医治病的时候，一定要将病人拉到深山老林中的度假村去治疗。我和先生连夜就买了机票飞到了重庆。先生从始至终都不知道我得的是抑郁症，我也从未和他提及过。他一心想治疗的就是我的失眠。

到了重庆后，神医把我们带到了远在大山深处的一个度假村住下，那里四周荒无人烟。度假村里，除了我们几个，也没人住。他先是给我把了脉，说了一堆的专业术语。

那时候正好是仲夏季节。重庆的山区同样潮湿闷热，终日身

上黏糊糊的，一动一身汗。而且深山里，到处都是又黑又大的蚊子，叮咬一口，身上立即就会起个大包，剧痛。

第一个晚上吃过晚饭，天已经黑了。神医说："你如果相信我，就要一切听我的，我们先去练功，只有打通身上的经脉，中药吃了才会管用。"

于是他把我们拉到树林中间的一个凉亭里，不远处就是一块坟地。我惊恐万分。

我从小生长在内蒙古，虽不是蒙古人，却有着蒙古人豪迈的个性。我也曾无数次幻想过，我是成吉思汗的子孙，在那个充满野性和征服欲望的年代里，驰骋杀场，用我的智慧和彪悍征服异族。

我从不否认自己的坚强和勇敢，因为我曾周旋在造假分子中间，以像谍战小说里写的那样的勇敢和智慧，战胜了他们。

我曾在青藏铁路全线贯通的时候，行走在无人的杨八角和大风口，为了采访那些筑路和勘探的人，和他们一起行走在茫茫的大漠和漫天的风雪里，从没畏惧过；我也曾在四川地震时的灾难现场，穿梭在死人和活人中间，尽职尽责地工作，淡看生死而坦然自若。

我从小的成长和生活经历，锻造了我坚强的韧性，却怎么也没有想到，有一天，我会因为抑郁败倒在南方潮湿的阴雨里，而且输得那么的纯粹和彻底。

这半生，只有抗抑郁的这段经历，每每回想起来都会让我泪目。身体上受的苦自不必说，心灵上的无助和创伤，才是用一生都无法抹平的。

我战战兢兢地看着远处坟地上的磷火，心里一直在想，住在坟墓里的那些鬼魂，会不会随时张开利爪向我扑过来。因此我背后一阵阵地冒冷气，好在还有先生在身边，多了点定力。

神医教我们摆好姿势站桩。这个中医是个义行拳的爱好者，他一生练功打拳，因此不但身手敏捷，而且六十多岁的人了，身体也很健康。先生早年练过太极拳，他说，神医教的站桩的方法确实能打通经脉。

为了鼓励我，先生每次都陪我站在漆黑的夜里一起练习。我们浑身被蚊子叮咬得到处是包，好多地方又红又肿。

在接受治疗的五天时间里，我们每天晚上要在树林里的坟地旁练到晚上十点多，才给放回房间休息。早晨五点他又准时来敲门，带出去继续站桩。吃过早饭后，他又带着我和先生，顶着高温和湿热，走上十几里的山路，拉练一样地运动，然后再乘车去他家里熬药，最后，再回到山上。

总之，他是想把我搞到精疲力尽，自然地睡去。只可惜，尽管我已经疲惫不堪，已经没有任何力气，可是依然无法入睡。

更让我绝望和无法接受的是，他总是在我先生不在的时候，色眯眯地故意碰撞我一下，这让我非常气愤和反感。

前两次我忍了，为了治病也碍于朋友面子。第三次的时候，我开始怒目圆睁，抬起了手，但最终还是放下了。他那么一把年纪的人，看在他每天也很辛苦地跟我们奔波的份儿上，我含泪走回了房间。我并没有告诉先生，只说：我们已经治疗了好几天

了，也没什么效果，基本的方法也掌握了，回家练吧。先生本来就忙于工作，心急如焚，也就答应了我的要求。

临行前，神医给我们开了几千块钱的中药带回来，回来后我却拒绝吃他的中药，心里的反感不言而喻。先生不明就里还很生气，说怎么也要试试到底管用不管用，因此我咬着牙坚持吃了三个月，每次都像吃了苍蝇一样，如鲠在喉，三个月一到，没什么起色，我立即把药丢进了垃圾桶里。

丢进垃圾桶的瞬间，我恶狠狠地说："去死吧！"之后，在朋友的劝导下，我又找了一些著名的中医，没有一个人的药，我吃了管用的。最后还采用了针灸的方法，身上扎得到处是针眼，其中一个中医还用艾绒和姜片，把我的脖颈儿烫出了一个大泡，之后感染化脓了很久才好。皮肉上受的苦，自不必说了，那种疼痛之后，心理上的绝望才是最折磨人的。

第三篇

恶邻的影响

我想到了放弃生命。可是不知道怎样了结才能没有痛苦。再静下来又想，为什么要死呢？生活这么美好，我还有那么多的路没走，还有那么多未了的心愿。我的生命不只是我一个人的，我还有责任照顾我的女儿，有义务做好别人的妻子。这世界没有什么对不起我的，无论我遭受什么样的苦难，都不是生活赋予我的全部，它也曾经给予过我那么多美好的事物，给过我爱、欢乐和温暖。让我置身于繁花似锦的美好人间，我有什么理由，可以不爱它呢？暂时的困难总是会过去的，乌云从来没有遮住过太阳，我总该相信一切都会过去的吧。

不得不承认，我的抑郁症，最大的罪魁祸首之一，就是南方连绵的阴雨。

　　上海的雨，一下就是连续十天半个月不肯停歇。每一个阴晦飘着冷雨的清晨和黄昏，我的内心都处于一种烦乱、胶着的状态。我热切地渴望阳光的温度，渴望能在阳光灿烂的日子自由地行走。

　　每一个以泪洗面的时刻，我最大的心愿，就是回到阳光明媚的北京去。在静静的午后，倚在窗前，阳光暖暖地洒在身上，手捧一杯香茗，懒懒地看着一本闲书，这是我无数次幻想的生活场景。但是，因为先生要在上海工作，孩子也已经在这个城市里读书。一个无论多么强大的女人，都做不到抛夫弃子地为了自己的情绪独自跑回北京去生活。

　　人生有很多的无奈，其中之一就是不能按照自己的意愿去活着，尤其是女人。女人难就难在社会赋予她的角色上，在提倡女权主义的同时，又必须做好母亲和妻子的角色，否则就会被众多

亲朋谴责，被社会唾弃和不齿。

在这样阴晦的生活环境里，要缓解抑郁的现状，无疑是痴人说梦。

而命运有时候是很残酷的，生活也不是一般的无情。当它们翻脸的时候，真是把人往死里整，把你置之死地，绝不让你后生。

正当我为了摆脱抑郁，四处求医问药的时候，楼上搬来了新的邻居。

当时，买这个房子的时候，因为人口少，加上在北京住的别墅特别大，一家三口外加一个阿姨，也常感空空荡荡的。先生一出差，我们有时候还会害怕。因此来上海后，我就买了一个号称平墅的房子，就是大平层，一层一户人家。

买房子的时候，房产公司的人告诉我，买这种房子的人，大多是从独立的别墅换过来的人，素质都是很高的人群。因此在买房子的时候，我并没有考虑楼层的问题，因为一共就六层，我就选了紧邻中心花园位置的二层。因为二层的四个房间看出去都是花园里的风景。最主要的是，它还有一个美丽的大露台，可以供我摆放花草和假山。

房子比较大，入住率比较低，刚来的时候，我一心盼着楼上楼下能住上人，这样我也就不会那么孤单了。可是做梦也没想到，楼上的邻居搬来后，我本来就痛苦不堪的求医问药的日子，就更加的艰难。

楼上的一家，是一对年轻的夫妇，带着两个孩子和一个老人。当时，一个孩子五岁，一个孩子两岁。这一家是开网店的，女人卖化妆品和做珠宝生意，上海人。男人不上班协助老人在家里带孩子。所以他们家的生活极其不规律，一般都是晚上十二点以后才睡觉，上午十点到十一点起床，下午二点左右，孩子又开始睡觉，睡到晚上五六点钟起来开始跑，一直跑到晚上十二点以后，才去睡觉。

两个孩子在楼上追逐打闹，270平方米的房子，巨大的客厅成了他们的运动场，无论节假日，这家人就像鼹鼠一样，永远待在家里，每次他们在楼上又喊又叫追逐打闹的时候，我家的顶灯都会晃悠，而且他们每一步都像踩在我的心上一样。让本来就处于焦虑烦躁状态的我，更加难受。

外面是连天的阴雨，室内是楼上不间断的噪音，我的生活，瞬间就跌进了地狱。

我们小区是24小时式的管家服务。我让管家和保安去和他们说，根本不管用。于是先生上去，和颜悦色地和他们讲，请他们照顾一下正在生病的我。可没一会儿，他就灰溜溜地回来了，告诉我说："他们家那女人不讲理，她把那两个孩子拉出来了，说孩子小没法管，让我去管，我又不方便和女人吵架。"

我一听此话就上了楼，敲开门，对并列站在门口的男女主人陪着笑脸说："能否让孩子白天多跑跑，晚上九点之后就别跑了，我刚做完手术，身体不好，麻烦照顾一下。孩子跑得实在是

太厉害了。"

那女人说："你报警吧，孩子小我管不了。"男人说："你就不能躲到别的房间里去吗？我们家住万科的时候，我们住四楼，连一楼的邻居都来投诉我们，那又怎样？我们管不了。"

如此不讲理的一家人，一番话把我也说得目瞪口呆。我张嘴结舌，半天说不出话，大有秀才遇到兵有理说不清的状态。

接着我几乎哀求地说："你们每天跑到半夜十一二点，我真的受不了，麻烦照顾一下。"那女人狠狠地说："你报警吧！"我说："你看这样好不好，我们加个微信，都是邻居互相照顾一下，孩子小，跑跑我也理解，但是，适当收敛一下，每天半夜如果跑得我实在受不了了，我就给你发个微信，麻烦你们让孩子停一下好不好？"她沉吟了一下，很不情愿地加了我微信。

之后孩子依旧每天在楼上由着性子跑，我的生活完全要以他们为中心，他们什么时候睡觉我才能休息。而我的生活，我要在每天早晨的六点钟准时起床，给上学的女儿做早餐，我还要按时去学校里上课。他们可以不用上班，半夜在网上卖东西，白天睡觉。我的生活完全被打乱了，真正体会到了什么叫生不如死的滋味。

为了讨好他们，我买了几瓶进口的肉松，让保姆送了过去，他们欣然接受了，但是该怎么跑还是怎么跑，我发去的提示微信，也从来没得到过回复。

在中国，噪音扰民，是在法律之外的事情，全靠道德约束，一旦道德没有了，就可以由着性子乱来，完全的肆无忌惮。

他们知道我报警警察也不会管，所以每次都让我报警。每次见到他们，我都陪着笑脸，用讨好的语气请他们照顾我，但他们高兴了对我笑一下，不高兴了，就像没看见我一样，转头就走，置之不理。

我也报了两次警，但是每次警察来了，还没等说话，他们就以孩子小为由，把警察怼回去了，没有办法的警察们就一声不响地走了，一句话都不肯多说。

一天深夜一点多，他们一直在上面跑，我突然心跳加剧，直接晕了过去。等我醒来后，我哭着对先生说："我想静下来，我需要镇静剂，我活得太痛苦了，我受不了他们了，我们搬家离开这里吧。"

先生心疼不已，说，我们明天再去买一个房子。可是，因为我们不是上海户口，外地人在上海，只能买一套房子，我们没有再买房子的资格。于是我们开始四处找房子搬家，可是把周围的房子都看遍了，也没找到一个合适的。加上我对居住环境要求特别高，能出租的房子都是又脏又破，让我无法接受。屋漏偏逢连阴雨的状态，直接把我打进了万劫不复的深渊。

一次，我在楼下遇到那个年轻的男子，说："小伙子，我能和你聊聊吗？"他脚步都没停，看也不看我，就走过去了。

还有一次，我看见他们家的那个老人，我又说了很多的好话，请他们照顾一下我。我告诉他们，本来就焦虑的我，因为噪

音已经接近崩溃的边缘，神经敏感到别人小声喊我一声，我都会吓得跳起来，泪流满面。但那老人也直接回答我，管不了。

因此，每一个不用去上课的日子，我经常在马路上游荡，像个流浪汉一样，流浪到天黑了，才肯回家。回家之前，我总是梦想着他们家突然着火，可以让他们家安静下来。

可是终究没有着火，日子还在继续。他们一天比一天跑得欢，我一天比一天焦虑、恐惧，失眠更加严重。每个深夜，孩子跑的时候，常常把我跑得心慌得坐在地上差点晕倒。

这样的状态持续了三年，中间我搬出去半年，最后因为租的房子里没有暖气，不得不在冬天的时候，又搬了回来。

一天，半夜十一点多，楼上大人在咚咚地走路，孩子在不停地折腾，肆无忌惮。我喘着粗气，想着这种情况必须解决。我又报了警。警察来了后，我哭着给他们讲述了整个过程，包括我所做的一切。

警察沉吟了一下说："你这样不行，这种状况我们见多了，根本不管用，很多人，你不给他们点颜色看看，是不行的，你要厉害一点，否则这个问题根本就解决不了。厉害点会吗？"我茫然地摇摇头，警察也无奈地摇摇头，就带我上去了。

上楼的瞬间，再次面对他们的蛮不讲理和趾高气昂，我突然怒火万丈，觉得这家人实在太欺负人了。他们开门对警察大吼的瞬间，新仇旧恨一下涌上了心头，我抄起他们家走廊里的花盆，顺着半开着的门就砸了进去，我声嘶力竭地骂道："你们这冷血的恶毒的一家，我今天和你们拼了，我今天不是教授，也不是记者，也不是总经理，我就是泼妇，我要和你们同归于尽！"

他们嚣张了好几年，见惯了陪着笑脸、说着好话、低三下四的我，突然看见我这个样子，吓傻了，张着嘴巴半天没说出话。

我哭喊着说："从今天开始，晚上九点半，你们再跑！我就天天来砸你们家门，如果不管用，我就开车撞死你们！然后赔命给你们！"那两个恶邻白着脸对警察说："她威胁我们，还用花盆打我们！"警察看着他们一声没吭。过了一会儿，他们说："姐，你别生气了，以后我们注意点。"关上了门。

警察陪我下了楼，笑着对我挤了挤眼睛，说："放心吧，今天会管用的。"

从此之后，果然好了很多。因为这个事情，我常想，人是多么的贱啊，为什么有人的奴性那么强。

楼上暂时的收敛，给了我喘息的余地。我开始认真地审视眼前的生活。

我觉得，这样的生活和身体状态，如果不改变，活着已了无生趣，而且也失去了生存的意义。

我想到了放弃生命。可是不知道怎样了结才能没有痛苦。再静下来又想，为什么要死呢？生活这么美好，我还有那么多的路没走，还有那么多未了的心愿。我的生命不只是我一个人的，我还有责任照顾我的女儿，有义务做好别人的妻子。这世界没有什么对不起我的，无论我遭受什么样的苦难，都不是生活赋予我的全部，它也曾经给予过我那么多美好的事物，给过我爱、欢乐和温暖。让我置身于繁花似锦的美好人间，我有什么理由，可以不

爱它呢？暂时的困难总是会过去的，乌云从来没有遮住过太阳，我总该相信一切都会过去的吧。

有了这样的信念，我决定不再坐以待毙，我要去和我的身体、我的情绪去抗争，和它们打一场仗，让自己真正强大起来。

因为在大学里做客座教授，一周上四节课，而且集中在每周一的上午。如此下来，我一周内空闲的时间就很多。

一天我的一个朋友请我吃饭，他的医院集团，刚刚经历了一场人事调整，遭受了家人洗劫式的背叛，正在四处找一个总经理上岗。他是我的忘年交挚友，在中医界是很有名望的泰斗。

在我手术后的这几年里，他成了我唯一的精神支柱，也为我的失眠问题想尽了办法。他知道我情绪不是很好，但一直不知道我处于抑郁状态。因为我们每次见面吃饭、喝茶的时候，我都表现得不急不躁，情绪稳定而理性。

不得不承认，那几年，我所有的朋友都不知道我得了抑郁症，因为我从未向他们倾诉或提及过。我不愿意让他们承担我的任何烦恼和不快。所以和朋友在一起的时候，我总是能控制自己的情绪，表现得大方又得体，对自己私下里那些翻江倒海般的折腾和愁闷，丝毫没提及过。

忘年交的老友，睿智而健谈。他在我的生命里，很多时候起到了心理医生的作用，尽管我从未向他提起过，对自己手术后的病情的忧虑和恐惧，但他每次见我，都会从医学的角度告诉我，我的病，没有任何问题，如果他早知道，根本不会让我做手术。既然已经手术了，一块心病也就去除了，更不必担心。

从他的身上，我总能看到一份淡定和从容，即便是在公司和家庭内部遭受了很多的挫折后，他也依然平静、超然。

饭吃了一半，他突然定定地看着我说："咦，我怎么没想到你呢，你来给我当总经理，接手我的医药集团吧，正好我有个项目正在推广。"我很没自信地说："我行吗？以前没干过啊！"他说："你行，做过调查记者的人都能做总经理，很厉害的。"

我决定试试。于是，那段时间，我很早就去单位，无论和朋友聊天还是吃饭，我都随身带着一个笔记本，从下属和朋友那里，了解公司和行业内部的情况，做到心里有数。我没日没夜地搜集资料，思考发展的思路，生怕辜负了朋友的信任，更想在很短的时间内，做出点成绩来，扭转公司尴尬的局面。

但紧张的工作，并没有缓解我的神经，反倒让我更加焦虑，每天工作上的事情，回到家后，还在脑子里不停地旋转。我又是个急性子，凡事都想一步到位，做到尽善尽美。

不得不承认，我适应环境和学习的能力超强。很快，我就掌握了公司的基本情况和行业内部的状况。并且在心里已经有了一大套推广和发展的思路和方法，那也是我平生第一次知道，自己还有管理一个企业的才能。

我雄心勃勃地准备大干一场，想用忙碌来排解我的郁闷和忧伤，缓解我的焦虑。但几个月后，我发现，我的焦虑，不但没有在狂热的工作状态中得到缓解，因为操心费力太多，反而更加地

焦虑、烦躁，情绪几度失控，身体也虚弱得不行，常常一个会议结束后，整个人就已经一滩泥一样坐不住了，浑身发抖。

因为工作十分投入，我在很短的时间内，就发现了朋友公司内部的某些老员工，存在着严重的账目问题。这两个人以为公司宣传为由，每年从朋友那里应该黑了很多钱。

朋友信任他们，所以每次签字看都不看，他们说怎样就怎样，当我当面和他们谈起这些销售情况的计划和资金使用情况时，引起了他们的敌对和反感。

几个月后的一天中层会议上，我还没说话，那女孩就跳出来当众和我对着顶，我说一句她反驳一句。坐在旁边的朋友，一句话都没有说，而作为总经理，为了控制局面，我在会上保持了极力的克制和冷静。但散了会后，我气得浑身发抖，之后我的情绪越来越激动，我坚决要开除她，而且回家后，极度不能自控地伤心哭泣起来。

那个晚上，整个思想都被这件小事占据了，无法放下，更加无法入睡。焦躁得像热锅上的蚂蚁一样。

静默的黑夜，我站在窗前，望着万家灯火，心无助得不能自持。

凌晨一点，我给我的助理打了个电话，我跟她哭诉了我的烦恼。那是个成熟而又有主见的女孩。

放下电话，我突然莫名其妙地沮丧，对自己失望到了极点。怎么说我也是个身经百战的人，经历了很多世事和生活的变迁，甚至见过了无数次的生死，我去和我的助理哭诉，我意识到，这真的是一件很不得体的糗事，而且回忆整个对话的过程，我的情绪激动而紊乱，这无论如何都不该是我的风格，也不是我这样的人应该做出来的事，尤其是身处这个位置，我觉得自己的行为，对下一步的工作处理是很不利的。

我同时也发现，我的情绪激烈而极端，已经不能由我自己把控，这让我既害怕又震惊。

寂静的深夜，只有夏日的风，送来花草树木，一声声轻微的叹息。淡黑色的树影，鬼魅一样在窗前张牙舞爪地晃动。当一颗小小的流星，突然在暗夜里划过，那瞬间的光华那么清晰地在我眼前闪过的时候，我突然像大梦初醒一样，镇静了下来，头脑从来没有如此清醒过。

我意识到，我真的病得很重，需要立即调整。我需要在调整之后，以一个崭新的面目，知性的、理智的、智慧的自我，重新

面对我周围的朋友，还有我的人生。这种状态下，我不但做不好任何事情，还会毁掉多年以来我在周围人心里建立的好印象。

这份额外的工作，在表面上给了我足够的体面，我有助理，有专职的司机，还管着一个人数众多的团队。尽管我有了足够细致系统的管理和推广新项目的思路，但我的情绪太不稳定，我不能理性地管理自己的情绪，淡定地处理工作中突发的事件和人际关系，这无疑是一个硬伤。

我清楚地看到了自己目前存在的问题和身上的优缺点。

这么多年来，我最大的优点就是能够实时地审视自己，看清自己身上的问题，并及时进行修正。这也使我在很长的一段人生路上，没有走太多的弯路，没有给自己造成太多的麻烦。

我几乎在空荡荡的家里走了一夜。当黎明的第一缕曙光，从窗帘的缝隙里挤进来的时候，我下定了决心，辞去总经理的职务。除了在大学里好好教课之外，其余的全部时间，我都要用来调整自己。

我对着镜子轻声地对自己说："佳琳，你病了，得了抑郁症。这是事实，不用逃避，你能行的，抑郁症不是精神分裂，要相信自己，你一定能战胜它。这个世界，没有谁会永远是你的依靠，能救你的只有你自己。坚强勇敢点，你那么优秀，你那么美丽，你那么善良，你那么有才华，你要做个平静如水的女人，你要调控你的情绪，我们从今天开始训练好吗？"

说完这些话的时候，我的精神为之一振，心情豁然开朗，心里也已经规划好了一系列行动。

有了目标，然后就是简单的执行了。早晨八点半的时候，我已经很认真地写好了一封辞职信，同时给朋友编了一条短信发了过去。他特别震惊，立即打电话向我询问原因，我只说自己身体不好，不能胜任。

几个月来，他看到了我在工作中的能力和计划，因此死活不同意，几次找我谈话，都被我拒绝了。

由于自尊心也好，自我保护也罢，对于我的情绪问题，我只字未提。为了挽留我，朋友费了很多心思，但我下了决心。尽管也有很多的不舍，但还是去意已决。所以直到今天他都以为，是因为那个女孩在会议上顶撞了我，我耍脾气不干了，我太情绪化。其实他哪里知道，我不是情绪化，而是情绪出了问题。希望他能看到我写的内容，以了解我当时正在经历什么样的苦痛和煎熬。

人生很多时候，正在经历的事，无法解释，说不清道不明。而一旦时过境迁之后，却又失去了解释的心境和理由。所以很多人，也就因为误解失之交臂，因为失之交臂，也就永远没有了了解真相的机会。

那时候，也只有我自己知道，我的生活、我的内心，正经受着怎样的煎熬，如果不及时调整，很可能在不久后的将来，我就会被抑郁毁掉。我生命中的暗夜，也将永远不会过去。而它不仅仅关乎我一个人的生死，更关系到我的家庭幸福，关系到我的人

生和我与身边朋友的相处方式。我必须还自己一个公道，对自己的灵魂和肉体有个很好的交代。

世界如此美好，我怎么可以辜负这一场青春，我怎么可以辜负这一花一世界的美妙感受呢。

第四篇

移情大法

当我气喘吁吁地坐在地板上休息的时候，突然发现，在收拾主卧室的这一个多小时的时间里，我的思想竟然停止了躁动，全部的精力都在整理房间、布置各种造型上，并因此心情愉悦。我禁不住一阵狂喜。在过去的几年里，我的脑神经，一直像失控的风扇一样，昼夜不停地旋转，而且专想那些不愉快、堵心的事，让自己更加烦恼和忧伤。这一变化，让我看到了重生的希望。

走过了近半生，我常常在一个人独处的时候，审视自己。

我发现这一路走来，沟沟坎坎，困难重重。但无论遭遇怎样的风雨，我从来没有气馁过，没有放弃过自己。

因此，在前半生的奋斗生涯里，我从来没被突发的困难吓倒过。因为，从小的生活经历告诉我，只有一个人勇敢地往前走、只有自救，才能回归到正常的生活轨道上，我不能轻易毁了自己，更不能毁了眼前的生活。

走过千山万水，见过人情冷暖和世事变迁，我最大的收益就是，从来不把自己的命运和喜怒哀乐，寄托在别人身上。

开始想自救的时候，我就想，既然是女人，就该活得精彩、活得漂亮。站在天地间，我应该是一道风景，而不该是一道屏障，否则，怎么对得起我如花似玉的女儿身？

我从不否认先生和女儿对我的爱，但我也从来没想过，他们就是我，我就是他们。我们永远都是独立的个体，只不过在生活的契约里，我们成了生命中最亲密的人。任何一个人的离去都不

应该去影响到另外一个人的生活。

我亲眼见过身边的被患重病的妻子或丈夫折磨得痛不欲生的朋友，当他们的爱人离去的那一天，每个人都会如释重负一样，舒了口气，然后很快开始了新的生活。这些虽然能理解，但也让我更加深刻地明白了生命的意义。

因此，我从未和家里任何一个人提及过我得了抑郁症，尤其是我的女儿和先生。

当我辞去总经理职务的第二天，我几乎思考了一夜，我又想起了那位加拿大的丈夫写过的文章，眼前出现了那个躺在床上等着丈夫和孩子来服侍她的妻子。

从始至终我都清醒地知道，抑郁症就是个情绪病，如果你放任自己的情绪，矫情地去期盼周围的人来帮助你走出来，给你呵护、保护，甚至渴望用他人的力量，让它好起来，你就彻底失去了好转的机会。

因为我知道，人一旦对他人有了依赖的情绪，不但无法从这个狡猾的抑郁状态里走出来，还会在亲友起起落落的关怀里，更加纠结失控，甚至会因为失望，而更加难过和沮丧。

这短暂的一生里，没有谁会在你的生活里，成为你人生的全部和中心，爱都是有分寸和尺度的，当你成为别人的负担，爱就会变成负累，你也会在别人忽冷忽热的情绪里，完全迷失，越来越忧伤。

我一直在想，在这样的状态下，远在加拿大的那个女人，她那个好丈夫还能撑多久？如果她不好起来，他丈夫会不会永远服侍她？

而一想到她蓬头垢面地躺在床上，等着丈夫和孩子来照顾，家里乱成一团的样子，我就更难以忍受。因此，我决定从干家务做起。

第二天，当保姆来上班的时候，我犹豫再三，还是和她开了口。保姆是个不足30岁的女人，说她是女人，是因为她是个不足一岁孩子的妈。

她在我们家已经做了好几年。从我来上海，就一直跟着我，她来我们家的时候，刚从农村出来，什么都不会做，是我手把手调教出来的。我很喜欢她，拿她当妹妹一样。最主要的是，她很听话，也很努力。很多事，我教她一遍后，她都能照做不误。

我说："小敏，我最近情绪出了点问题，我需要调整，你能帮帮我吗？"

她说："夫人，你又不舒服了？来，我帮你按按！"

每次我不舒服，这痛那痛的时候，她总是看不过去，主动过来帮我按摩一下，因此我对她也充满了爱意和感激。我红了脸说："不是，要不家务我来做一段时间，你先回去歇歇？等过一阶段，我好了，你再回来？"

她眼圈立即红了："我在你们家做得好好的，都这么多年了，我做错了什么啊，干啥辞了我？"我百口莫辩，一方面她做得真是好，我没有理由辞退她，但也确实想找个办法来让自己渡

过难关。

她一哭，我立即没了说辞，只好让她先去做事，不再提这个事。

那一天，鬼使神差地出了个状况，让我找到了足够的借口，可以辞退她。

晚上下班的时候，因为白天的事，她很生气，于是给她的一个朋友打电话，诉说当天的事，并且在电话里大骂我。

奇怪的是，她给她朋友打电话的时候，不知道怎么拨通了我的电话，竟然启动了三方通话，而她全然不知，被我听了个清清楚楚。

她在气头上骂我骂得特别狠，也说了很多违心的假话，说我对她如何刻薄。我虽然理解，但也有点生气。这也给我找到了足够的理由，让我辞退她。

我是和先生一起听她、如何在电话里骂我的。先生当时就说："别和保姆一般见识，她是不是有什么情绪了，这孩子工作还是不错的。"他是怕我开除她，先说了这话。

在这之前，我并没有和先生说要辞退保姆的事，有了这个事做契机，我坚持说："我对她那么好，她骂我骂得那么狠，这关系还怎么处啊，明天让她走吧，我来做家务。"

先生睁圆了眼睛说："你身体那么不好，不是头晕就是心慌气短的，哪能做家务啊，我工作又忙，没时间帮你做家务，这可不行。把她辞退了，再找一个还不如她，咱家用过那么多保姆，她是最好的一个。"

我嘴上没说，心里还是有点不高兴，心想：还不是嫌弃我经常生病，这下可算露出狐狸尾巴了，我得快点好起来。

我说："你别管了，我行的，你又不是不知道，我是做家务小能手，我失眠这么严重，说不定做家务累了就能睡着了呢？"

"那你的工作怎么办？又教课，又做总经理，哪有时间做家务？"

我说："我已经辞去了总经理的职务，大学里的课，很简单，一周才一次。"

他吃惊地望着我说："我早就和你说过，你身体不行，让你别干了，你不听，为什么辞职了？干得不是挺好的吗？那朋友，上次见我还夸你能力特别强，适应特别快呢！"

我说："我觉得状态不好，不能完全发挥我的能力，等我调整好了，我再回去。"我轻描淡写地说。

先生说："你随便吧，怎么高兴怎么过。"

"那我先把小敏辞了，等过一段时间我好些了，再请回来好不好？"

"你可要想好了，我经常出差，咱们家都用了十多年的保姆了，这么大个家，光打扫卫生就是个大工程，我可帮不了你，还要做饭、接孩子、工作，你身体行不行？到时候可别指望我，不是我不想帮你，是指望不上。"

我说："我保证不用你管，放心吧，说到做到，本姑娘一言

九鼎。"他摇摇头没说话。

第二天小敏来的时候，我把她叫了过来，平静地说："我昨天听见你骂我了，骂得那么狠，我一直以为我是你姐姐呢，我对你那么好，在我们家这么久，我可是一次都没批评过你，更没跟你生过气，你和别人说的都是假话。"

她坚决否认，我就把电话里听到的话，重复了一遍，她的脸一下子红了，说："夫人，你怎么听见的？"

我说："你启动了三方通话。"她大吃一惊，半天都没合拢嘴。最后她说："我看你是铁了心要辞退我了，好吧，我走！"

我说："这个月，你干了十天，我给你全月的工资，说着跑进卧室，拿出了一大包事先准备好的衣服递给了她，说："小敏，我是有原因的，但现在不能告诉你，几个月后，如果问题解决了，我再请你回来好吗？不是你的原因，是我的错，请你理解我！"

她气呼呼地接过衣服，头也没回地走了。我心里特别难过。

小敏走了，那是个下着大雨的清晨，房间里阴晦而凌乱。小敏走出去关上门的瞬间，我感到更加的孤独无助，心好像也一下被掏空了。我追到地下车库，远远地看着她骑上摩托车，慢慢地消失在车库的尽头，泣不成声。其实那一刻，我也不知道后面的日子，自己能否撑下来。

但我更清楚，在严酷的现实生活里，若你成为别人的负担，重压之下，爱情和亲情都会变得扭曲和牵强，失去了快乐、美好的意义，更何况那些本来就不相干的人。这世界，攀高踩低的人很多，只有你强大了，像花朵一样芳香四溢地努力向上开放，你才会拥有炫目的生活，和众心捧月一样的人际关系。

想到这里，我擦干了眼泪，提了口气，走回了家。

回到家里，站在客厅的中间，我茫然不知所措。除了窗外淅淅沥沥的雨声，房间里死一样的沉寂。

几年来，在我孤寂的生活里，小敏在某种程度上成了我的陪伴。每一个先生出差在外、孩子上学的日子，都是小敏在我身边，在我折腾得死去活来的时候，她陪着我、安慰我，无形中她已成了我生活的一部分，我一下子像失去了双腿一样，没了重心。

偌大的房子里，一片凌乱。两百七十平方米的房子，仅擦地板就是个浩大的工程。我理了下头绪，准备从主卧室开始，一个房间一个房间地清理，我把床铺得一丝不苟，把床罩上面的枕头，摆出来一个优美的造型，每一张桌子，我连接缝的地方都没

有错过，擦得油光锃亮。

主卧室的桌子上摆着三只小象，代表着我们一家三口。每次我出差在外的日子，先生都会拍照给我，以表达我们三个唇齿相依的状态。

我把三只木制的小象，重新打了蜡，光亮一新，还在中间的那头母象的头上，插上了一朵淡紫色的小花。将桌面上所有的瓶瓶罐罐都擦得光亮如新。

看看整理好的主卧室，赏心悦目，干净整洁。

当我气喘吁吁地坐在地板上休息的时候，我突然发现，在收拾主卧室的这段时间里，我的头脑竟然停止了胡思乱想，全部的精力，都集中在了整理房间、布置各种造型上。

我禁不住一阵狂喜。在过去的几年里，我的脑神经，一直像失控的风扇一样，昼夜不停地旋转，而且专想那些不愉快、堵心的事，让自己更加的烦恼和忧伤，这变化让我看到了重生的希望。

但不得不承认，严重的失眠和抑郁焦虑，让我的身体虚弱到了极点。收拾完一个房间，我就已经到了浑身发抖，无力到抬不起胳膊的地步。

我躺在地板上，静静地听着空气的声音，细数着雨滴敲打在玻璃上的声响。每一声雨滴破碎的声音，对我，都是那么的惊心动魄。

休息二十分钟后，我还是咬着牙，支撑着严重体力不支的身体，摇摇晃晃地站起来，去收拾其他的六个房间。好几次，一种窒息的心慌，让我不得不再次躺在地板上休息。

仅仅四个卧室，我就干干停停地收拾了四个多小时。平时，干活麻利的我，在保姆休假的时候，两个小时，就能将家里收拾得一尘不染。

因为严重失眠，加上焦虑，几年来，我每餐都食之无味，吃上几口就吃不下了。那一天到中午的时候，我颤颤巍巍地第一次有了饥饿感。我给自己煮了包方便面，虽然也吃得不多，但是比起平时，已经有了很大的进步。

当我在下午一点多走进厨房的时候，我还是控制不住地开始心烦意乱。我不自觉地想起了小敏，想起了当总经理时和那女孩发生的不快，甚至想起了，过去生活中和先生吵架时的片段，于是我开始怒火中烧，抬手就把一只碗摔在了地上。

碗破碎时发出的清脆响声，突然让我有了一丝快感，如释重负一样，这让我很高兴。我愣了一会儿，看见自己摔了一只很贵的细瓷碗，有点心疼。

于是，我打开橱柜，找出来十几只普通的碗碟，放在了一边，这样做的时候，我已经打算将它们全部摔碎。

我拿起了另一只碗，又摔在了地上，清脆的响声极其刺耳。当我拿起第三只碗准备向地上摔去的时候，我停了下米，对自己说："佳琳，这个需要细水长流。"

于是我又放回去了，准备明天再摔。

此时，我的心绪还是很烦乱，怎么都无法从那些不快乐的往事里拉回来。我努力摇了摇头，想把它们甩出去，让自己的心和大脑静下来、空下来。于是，我拿了一个纸盒坐在了地上，将没摔碎的大点的碎片，再摔一下，让它们变得细碎一些，然后，把那些碎的渣片，一点一点地用手捡起来，放进纸盒里。

在做这个事情的时候，我努力不让自己分神。稍微精神一溜号，我就立即把自己的思想拉回来，尽管每次持续的时间不足一分钟，但是，我每次都在心里给自己数着数，让自己每一次都多坚持一会，尽量做到没有杂念。

我在心里一遍遍地告诫自己："这世界，永远没有救世主，能拯救你的只有自己。当你光彩夺目、热情快乐的时候，你才会有朋友、有知己，甚至有爱人，你必须坚持！"

有好几次，当我无法拉回自己的念头时，我就用碗的碎片，刺痛一下手指，有两次刺得流了血。当血顺着手指一滴滴地流下来的时候，疼痛缓解了我焦虑的情绪，让我把精力都集中在了手指上。

我知道，要想让自己平静下来、改善抑郁的状况，首先要做的就是锻炼自己的意志和神经，只有先让它们稳定下来不再混乱，才有机会拯救自己。

几年来，我深知，我凌乱的脑神经，是导致我失眠的罪魁祸首。而我所有的不快乐，都来自对那些不快乐的往事无穷无尽的追溯。

我看不到生活中明丽的一面，总喜欢听一些忧伤的曲子，想一些烦恼的事，把事情往坏处想，才让我和生活建立起了一道阴暗的屏障。

我用了两个小时的时间，将两只碗的碎片，一点一点地收进了纸盒里。还有几次，因为浑身无力，手抖，我直接趴在了厨房的地毯上，一点一点地捡。

说实话，当我浑身无力、四肢酸软的时候，我一直还在担心，我是不是得了其他的病，是不是真的快死了。而这种担心，在过去几年的生活里，日日夜夜折磨着我，也给我制造着莫名的伤痛和恐慌。

当我趴在厨房的地上，凝视着流血的手指时，我劝慰自己说："死就死吧，不是说生死有命吗？你如此惧怕死亡，她想让你死的时候，就会放过你吗？死神从未可怜过任何人。但是活一天，你就要好好感受生活，感受这世界的美丽和温暖，哪怕只有一天，都不能让自己辜负时光。"

下午四点的时候，我咬牙擦完了所有房间的地板。然后，整个人像一滩泥一样瘫倒在床上。说实话，虽然有些严重的体力不支，却感觉身心轻松了很多，就好像乌云密布的天空，突然裂开了一道缝隙，阳光一丝丝地渗出来。

　　四点半的时候，先生打来电话，说他去接女儿。看看时间，离他们回来的时间还有一个小时。我再次支撑着爬起来，洗了个澡，换了套干净整洁的衣服，把自己收拾得清清爽爽，还擦了一点淡色的口红，让自己看起来气色好一些。

　　我是个追求完美的人，不只是在形式上，更在我的人生上。我不允许自己成为一个邋遢、病恹恹、了无生趣的人，更不愿意成为别人的负担，每天渴望着他人的怜悯和施舍。

　　对着镜子，我发现自己苍白的脸，还有些浮肿，但看起来依旧好看，这给了我很大的信心。突然意识到，我已经很久没有照过镜子、认真看过自己了，哪怕去上课的时候，都是远远地整装，从未近距离地审视过自己，那一刻，我真切地感受到，我和生活的隔阂，已经由来已久。

　　我哆哆嗦嗦地坚持着走进了厨房。

开弓没有回头箭，是我选择辞掉保姆的，是我想要自救的，我就必须咬牙坚持住，我要看看，看最后到底是个什么样的结果。我不能在家人面前食言，更不能不做家务，把生活的担子都丢给那个整天忙碌的人。我也想证明一下自己，我是行的，与其坐以待毙，不如拼死一搏。

那时候，我意识到，我们的身体和意志，都是欺负人的，当我们和它们认怂的时候，它们就会变本加厉地把人往死里整。而困难更像弹簧，你弱它就强，你强它才弱。

坦率地说，家里多年来一直用保姆，我很少下厨房，那时也不怎么会做菜。第一次下厨房，时间紧迫，知道自己也玩不出什么花样，加上体力不支，只能暂时蒙混过关。

我把米饭煮上后，因为腿抖得厉害，于是搬了个小凳子坐在厨房里工作。我泡了一把木耳，将黄瓜和胡萝卜切成了三角形的片，从百度上查了一下做法，切了十几片瘦肉，炒了第一个菜。又炒了一个西红柿鸡蛋。

我拿出两个竹子造型的白色瓷盘子，将菜装在里面，撕了几片香菜叶，作为点缀，放在了盘子的一角。又找出来一只香蕉，两个猕猴桃，一个橘子，将猕猴桃切成了叶子的样子，将香蕉从中间劈开，橘子一瓣一瓣地掰开，在一个白色的大西餐盘里，拼成了两棵椰子树，把一颗冬枣从中间切开，去掉了核，当成椰子，摆在了"椰子树"上，美丽极了。

我又将餐桌上搁置已久从来没使用过的烛台，点上了五彩的香烛。铺上了淡雅的方巾，将米饭盛在了三只精美的碗里，上面

各放了一朵用胡萝卜切成的小花，色彩明亮而艳丽。

做完了这些，欣赏着我布置的美丽餐台，心里几年来第一次有了愉悦感，而且我惊奇地发现，在我精心做果盘造型、切胡萝卜花、布置餐台的时候，我全部的思想都集中在了这上面，我再次长时间地停止了胡思乱想，我的脑神经停止了躁动，神奇地休息了半个多小时，没有再想任何杂事，心也平静了很多。

当我听见先生和女儿回来按密码开锁的声音时，迅速地关了灯，点好了蜡烛。厨房在做好饭之后，也收拾得整洁干净了。于是，我清清爽爽、干干净净，而且脸上带着笑意站在了门口，但身上在冒着虚汗。

他们一进门，都愣住了。半天没反应过来。女儿冲到餐桌前，惊叹着、大叫着，先生也认真地看了我一会儿。

我平静地说："不好意思，小敏被我开除了，这顿饭是我做的，手艺有限，以后慢慢努力，请给一点时间。"

先生也对我布置的餐台惊叹不已，拿出手机去拍照。称赞我摆的椰子树的果盘造型太像了。我心中窃喜，简单的两个菜，被我换了个"行头"就成了让他们惊叹的艺术品，这让我信心倍增。

落座后，我先自己尝了尝自己炒的菜，虽然是照着网上的菜谱做的，但味道还不错，我脱口而出："唉，我怎么做什么都能做这么好啊！"

那两个人笑成一团。他们也尝了尝，都表示好吃。我悬着的心也就放下了。毕竟是第一次，信心和鼓励很重要。

我突然发现，自从我手术后，家里好像已经很久没有这样温暖的气氛、开心的笑声了。

那一刻我意识到，一个女人，在家庭中的地位有多么的重要。她就像灵魂，主宰着家里的喜怒哀乐，也是一个家庭里快乐和忧伤的源泉。

看见他们开心的样子，我心里突然一阵心酸。想起自己从手术后，一直沉浸在对死亡的恐惧里，不但昼夜不得安宁，家里的两个人，也一直生活得小心翼翼、战战兢兢。那个每天出差、开会，管理公司和工厂繁杂事务的人，也经常为我忧心忡忡。

想到这里，心里充满内疚，暗下决心，一定要尽快让自己好起来，这不仅仅是我一个人的事。我不但要还自己一个美丽的人生，也要还他们一个快乐的家。

从小到大，我都是个清高自傲的人，但清高在高风亮节上，我不愿意给任何人增加负担，所以活得独立、安然，不会被任何人和事把控。我自给自足，让自己活得洒脱、优雅。

饭没吃几口，我就又开始进入烦乱不堪的境地。我坐立不安，而且胸闷等症状又全部袭来了。这时候，女儿一口米饭没夹住，掉在了桌子上，我"啪"一声把筷子扔在了桌子上，大声呵斥道："你怎么回事？我早说过了，一个女孩子吃饭要优雅，你怎么又掉饭在桌子上，像什么样子呀？"

女儿很不服气地嘀咕了一句："至于吗？不就掉了几粒米饭吗？这样大喊大叫更不优雅！"我突然怒火中烧，举起筷子就要打。

几年来，我承认，我经常不能自控地因为一点小事，把气撒在孩子和老公身上。先生深深地看了我一眼，没说话。

我突然意识到什么，放下了举起的筷子。心里告诉自己：从今天开始，我要控制自己的情绪，不要再发火，我是女人，女人就要柔情似水，不是母老虎，否则怎么对得起自己的这种身份。一件事情，好好说也是处理，大喊大叫着处理，也许会更糟，如果我想治愈自己，首先要做的就是控制自己的情绪。想到这里，我放下筷子，叹了口气，轻声地说："以后别再往桌子上掉米饭了。这样不好，不过我也不该大喊大叫，对不起，以后我改。"

女儿含着眼泪说："没事的，妈妈！"

此刻，我心里翻江倒海地难受，胸口像压了一块石头一样，气直往上冲，好像不大喊大叫一番，就出不来。我忍住脾气，说："我最近经常脾气很大，有时候是一种不能自控的状态，当我脾气来的时候，我会努力控制的，如果一时没控制住，喊几声什么的，你们别介意，更别跟我对着顶，我会努力管好自己的，希望配合一下，谢谢。"

先生说："好的，那你再吃点，吃得太少了。"我说："我吃不下，我现在心情有点烦，身体也不舒服。我先去躺一会，一会你们吃完饭，你们就别管了，我来洗碗收拾。"

说完，我走回卧室躺在了床上。因为胸闷、四肢无力，我在床上，让自己努力放松，数着数让自己深呼吸，数到一百下的时候，果然感觉没那么憋闷了，身体也不再那么抖了。

在这个过程中，我发现自己整个人，都处于一种很紧张、焦虑的状态，不但神经绷得紧紧的，四肢都很僵硬，双手一直握成拳头状，不肯松开。

我想，自己如此紧张、放松不下来，也是导致情绪烦乱、失眠的主要原因。

于是，在躺在床上的四十分钟里，我有意识地松开双手，让四肢放松，尽管，它们依然很僵硬，而且要靠意念来控制才能舒展，同时坚持不了多久，就又蜷缩回去了，但因为有了想放松的意识，我总能及时再舒展回去。

我发现，在过去的几年里，我不但手脚习惯于绷紧、缩成一团地睡觉，而且四肢也要缩成一团，还常常将身体扭成麻花状，使气息无法畅通。

也就是在那一天，我平生第一次开始观察自己的身体，观察自己身体的每一个部分的形态和反应。我告诉自己，它们是自己身体的一部分，但也是独立的个体，我必须协调好它们，让它们很好地配合我的神经和意志，在全体都能达成统一的情况下，让身心尽量自由和舒展，神经才会有所好转。

那一刻，这样的信念，是那么清晰地在我脑海里出现，似乎一下子就找到了解决的方法。

我听见先生开始收拾碗筷，立即咬牙爬了起来。我在心里告诫自己，要坚持，因为我一直是独立自主的，那么我就要独立到

底，我不需要别人仰慕，但我起码要做到不让人反感。

先生说："我来收拾吧，你去躺着去。"

我说："我说过，辞退了保姆，不用你管，我全包了，你不是也说不能指望你吗？我说话算数。"

先生说："说是说，我哪能不帮你啊，没关系，你去休息吧。"他噼里啪啦地开始收拾，准备去洗碗，并使劲把我往房间里推。见拗不过他，我只好说："我心情烦躁，让我来收拾吧，这样可以缓解一下烦躁的情绪。"

他看着我，半信半疑地说："真的？你确认你不是客气？"

我说："我确认！"

他说："那好吧，如果你感觉累，就叫我，千万别累着啊！"

"没事儿，你听说过谁干活累死的？"我笑着说。

这时候，楼上的孩子又开始咚咚地跑起来。一听见他们跑，我的神经又开始紧张到崩溃。

一头扎进了厨房，洗完碗后，我开始擦油烟机。我用了近半个小时的时间，把抽油烟机擦得光亮如新，又把厨房里的墙面，也用清洁剂清洗了一遍。

两个小时过去了，厨房已经被我收收拾得干净整洁，一尘不染，而且井井有条。台面上，所有的瓶瓶罐罐也排列有序。我出了一身的汗。在这个过程中，我的全部注意力也都集中在了擦洗和收拾上。

当我停下来，像女王一样审视着自己的劳动成果时，内心充满了喜悦。

再从厨房里出来的时候，已经是晚上十点了。楼上也没了动静。以往，楼上孩子折腾的时候，我全部的注意力都在楼上的脚步声里，因为过于关注，导致烦乱异常，常常紧张到心慌气短，心脏病要发作了一般。而今天，我人为地用在厨房里干活，将注意力分散掉了，不但没有因此心情不好，反而因为出了点汗，身心轻松了很多，身体也没那么难受了，很多症状都得到了缓解。

我跑到楼下的花园，剪了两支月季花，找了一个小的白色玻璃花瓶，将花插了进去，摆放在了厨房洁净的操作台上。在暗黄色的灯光里，红色的月季花是那么的美丽和醒目。

我叫来先生和女儿请他们看，他们异口同声地表示好看，而且表现出了由衷的兴奋和欢喜。我开心极了。说来也奇怪，那么卖力地擦洗厨房，整整做了两个多小时反倒没有感觉多么累。

那一刻，我更加清楚地感觉到，人最难能可贵的，就是管住自己，清楚我们和这个世界的关系，你只有给别人带来快乐，别人才会对你投以快乐。

以往，一到晚上，因为失眠严重，我总是很晚才去睡，即便是躺在了床上，也开始玩手机，一玩儿玩到很晚。每次准备开始睡觉的时候，因为担心睡不着，就开始焦虑，最后，不得不靠安

眠药催眠才能睡着。

每一个不眠的安眠药失效的日子，对我都像炼狱一样的难熬。

这个晚上，我决定改变一下我的作息时间，我十点半就躺到了床上，为了怕楼上再制造噪音影响我的情绪，我戴上了耳机，把手机静静地丢在了一边。

我一直喜欢听音乐，但曾几何时，我所听的音乐，哀伤而沉郁。这个晚上，刚一打开一首忧伤的大提琴曲，发现我的心就开始往下沉。

我突然意识到，在过去的多年里，我的情绪多多少少地也受到这些音乐的影响，它们雪上加霜一样影响着我的情绪，刺激着我的神经。这也算是处于抑郁状态下的我的"不良嗜好"。

于是当夜，我选了葫芦丝演奏曲《月光下的凤尾竹》。这曲子，既深情又明快，满足了我喜欢听轻音乐的需求，又不至于让肝气因为曲调抑郁而受到阻碍和影响，我设置了重复播放的模式。

我清楚地知道，如果想自救，我必须从每个细节入手，全面改变我的生活和喜好，让自己真正地成为一个快乐自由的人。

那一夜，我有意识地牵着自己的思绪，不让我去关注楼上的动静和自己身体上的不适，一旦发现自己又开始胡思乱想，就立即把思绪拉回来，让自己的脑神经有点喘息的余地，自己在心里计时，一分钟一分钟地训练、延长集中精力的时间。

那天，虽然依旧失眠，但过了十二点后，我只吃了一粒半的安眠药就睡着了。在过去很长的一段时间里，我每天都要吃三粒安眠药，还常常不管用。

第二天，我比平常晚醒了一个小时。

当我静静地睁开眼睛，看着从窗帘的缝隙里挤进来的、黎明的第一缕微光，我的心，从未有过的平静。看着放在床头边上的另外一粒半的安眠药，我的心，充满了狂喜和感动。

我看到希望，正微微地抬起手臂，做出了准备拥抱我的姿势。

第五篇

怡情有术

我躺在床上，听着窗外的鸟鸣，总结了一下这两天的经历：怡情，移情，加上自控和走路让自己放松，这几项方法还是很有效的。既然这么有效，我就要好好地坚持下去。我兴奋地起了床，竟神奇地发现，头没那么晕了，而且四肢也没那么无力了，身体感觉很轻松，我欣喜若狂。

那一夜做完手工后，我发现，我竟然破天荒地有了一点困意，我为这一点点的感觉惊叹不已。

我拿出笔记本，认认真真地在本子上写下了几个字：终结抑郁第五天。

辞掉了保姆，生活变得更加的孤寂。日子常常在漫天的风雨里，晨昏颠倒。所有的情绪也都跟着江南的阴雨，起起落落。

一切，在平静中看似没有改变，却在无声中，发生着翻天覆地的变化。最直接的感受，就是我把自己的心，给"关"起来了。

我开始练习整理心绪，打理不快乐的念头和想法。

人们常说，战胜自己很难，其实战胜自己不难，关键在于想不想、对自己有没有足够的信心。

第二天，我六点就起了床，给女儿做好了早餐，先生送她去了学校，我站在雾雨蒙蒙的窗前，突然没有理由地哭起来。

我想起了很多远方的朋友，想起了美好的大学时光。我感到那么的孤独，我渴望与人交流和沟通。但既然决定要自救，我清楚地知道，在这个过程里，我必须让自己的心完全静下来，而让

自己的心静下来的唯一方法，就是暂时不要和任何人联系，让自己处在真空状态，与人"隔离"。

我更加明白，自救，一定是个孤独的过程。我不能对任何人抱有希望、盼望，能帮我的只有自己，只有把自己调整好了，我才会再次拥有快乐、自由的人际关系，否则我多变的情绪、我的敏感和多疑，无一不会成为杀手和障碍，让我得不偿失。

而且我也发现，在这个阶段，如果采用倾诉、找朋友聊天的方法，就像是把刚刚长了鲜肉的伤口再次揭开，不但加剧了疼痛，还永远没有愈合的机会。

自救，必须是个孤独的自我吞噬、自我疗愈的过程，否则受外界的干扰太多，我的心绪就永远没有静下来的机会。我也就彻底地把自己交给了抑郁症，成了它终生的俘虏。

尤其是不知道更年期什么时候会来的情况下，我必须赶在它到来之前，让自己迅速地走出情绪的阴霾，到阳光下去展示生命的鲜活与美丽。

为了怕一些好友找我，我打开了全部的朋友圈，可以让人随便翻阅。我决心已定，大有大义凛然、壮士一去不复返的架势。

那一天，我突然来了灵感，提笔，一字一句地填了两首词：

鹧鸪天

一叶飞黄花事空，

寒蝉将近锁秋红，

今宵梦断春归处，

他日倾情柳色葱。

怀旧念，与君同，

轻言别后醉西东。

蓬窗不共阶前雨，

一晌微凉几阵风。

临江仙·十年

笔下湖光山色，

胸中万壑千山，

回头年少已成烟。

几时明月夜，寒日暮光天。

遥记当年初见，

明眸皓齿人欢，

淡云疏雨又十年，

残灯孤枕梦，微雨戏飞燕。

　　填完这两首词后，我似乎为接下来孤军奋战的日子，找到了
情绪的出口，决定每天填一首词，也是个很好的排解抑郁的方

法。但不得不承认，在接下来的日子里，填词还是会积聚悲伤的能量，因为情绪所致，我填的词都太伤感了。

放下填好的词，我开始打扫。

我一个房间一个房间地打扫、整理，把每个衣柜里的衣服，都重新叠了一遍，分好类，整整齐齐地摆放在衣柜里。不但把冬天和夏天的衣服，分柜子挂好，还依据颜色的深浅，递进地进行了分类。

我把丝巾、袜子，内衣内裤等小的物品，采用国际收纳法，叠得方方正正，分别放在收纳格子里。几个小时过去了，我反复地打开衣柜和抽屉，看着整整齐齐、漂漂亮亮的衣橱，心里满是成就感。

在这几个小时里，我的思维从来没有这么平稳。我是如此专注，即便偶尔开一下小差，又想起了一些杂七杂八的事，还是能很快就把思绪拉回来。我的心也开始没那么狂乱了。

几年来，第一次，我的心情和大脑，时不时地会出现无风无雨的状态。我高兴极了。

但就在我走进厨房，看见凌乱的碗筷摆放在那里，心里突然又是一阵的烦乱。然后不能自控地开始抓狂。一开始抓狂，胸口就憋闷，就开始头晕眼花。

我压制着自己的情绪，跑到书房问先生："你今天不去单位吗？"

他说："今天十点开视频会议。我不出去。"

我悻悻地走出了书房。此时，焦虑的状态，已经到了让我咬牙切齿才能忍受的地步。

我搬了个小凳子坐在厨房里，心乱如麻，我又看见了那些碗，想起了昨天趴在地上收拾那些残渣的时候，心是怎么样静下来的。但我忍住了没摔，我不想让先生看见我疯狂的样子，给他制造紧张的气氛。

于是我又走到书房，陪着笑脸说："能否去帮我买包卫生巾，我来例假了。谢谢。"

他二话没说，站起来就出去帮我买了。他一关上门，我站在门口，听见了电梯下行的声音，立即冲进厨房，拿起两个碗，使劲摔到了地上。

摔完后，看着满地的碎片，我长长地吐了口气，但是还是烦乱不堪，一点都不想去收拾那些碎片，有点茫然不知所措。

于是我走回卧室，重新换了套新买的运动装，忍着心慌气短，坐在化妆台前，给自己画了个淡妆。这次，我涂了个颜色比较艳丽的口红，和衣服的颜色比较搭配。

从小我就喜欢穿黑白灰三色的衣服。因此满衣柜里，几乎都是这几种颜色的衣服。前几天我鬼使神差地买了套枣红色的运动装，今天派上了用场。

看着镜子里的自己，精神了很多，于是我对着镜子说："焦虑和忧郁是个什么鬼东西？生活这么美好，你最应该做的，就是

要好好享受生活。你不是还很年轻也还好看吗？你不是还会写诗词，课也讲得很受学生欢迎吗，孩子不是也很优秀吗？你还有那么多的朋友宠爱你，有什么好忧愁的？何教授不是说，你的病根本就不是癌症，什么都不算吗？切都切了，从今天起，好好生活不好吗？世界那么大，很多地方你还没去看过呢，你得让自己好起来，活得光鲜亮丽，让自己快乐，给别人温暖，别成为别人的负担，这才是你应该做的，你一向都是坚强的！你很怕癌症这个词是吧？好吧，我告诉你，很多人得了癌症，直接就是晚期死了，你没有死，也没用化疗，手术都做完了，你担心什么？再说了，生死是你自己能决定的吗？醒醒吧！别再像个孬种的样子，你倒下的时候没人同情你，那你就完了。"

我抑扬顿挫地训斥了自己一顿。

"癌症"那两个几年来我一直避讳的字眼，终于从我的口里反复地毫不留情地大声说出来了，说出来的瞬间，突然如释重负，心里像丢开了一块石头一样的轻松。

先生回来的时候，我已经笑盈盈地站了在门口，看见我的样子，他愣了一下。

"今天看起来状态不错啊！"

我说："嗯，会一天比一天好的！"

说完，我拉着他去看我整理的衣柜和抽屉，打开的瞬间他惊呆了："你什么时候学的这本领，太整齐太好看了！"

我洋洋得意地自夸了一下说："你老婆我，做什么都做得不错，以前家里一直用保姆，怎么教她们都不用心，总是弄得乱七八糟的，为了图个和气，我也就睁一只眼闭一只眼了，现在我自己弄了，眼睛不能再闭了，就拿出了真本事。"

他笑着拥抱了我一下，说："感觉你这两天有点不一样，但也不知道哪儿不一样。"

"有些事，只可意会，不可言传，不用搞那么明白。"我淡淡地说，其实身体又开始不舒服，头晕心慌。

他转身往厨房的方向走，我大喊一声，"你干什么去？"

"我倒杯水！"他说。我立即假装殷勤地说："我给你倒，你等着！"

他笑着说："你别这样好吗？突然这么温柔，我有点受不了。"

"过去不是刚生过病吗？心情不怎么好，还请你见谅。"

他径自走到了厨房，我没法再阻拦了，只好悻悻地跟在后面走了过去。他一开门，看见满地的碎片，惊叫了一声。

"不小心掉地上了，不好意思。"

他到阳台上拿起扫把和簸箕，就要收拾。

"你很闲吗？不是说要开会吗？交给我来处理好了，我是收拾家小能手，你赶紧退下，别影响我。"我着急地说。

"我怕你扎到！"他说着继续要打扫。我有些不耐烦了，脾气又上来了，但还是忍住了，轻声说："你快去忙吧，我又不是

三岁的孩子！再啰嗦我生气了！"

他只好走了回去。我又跟过去，说："拜托，这些天，我需要一个人在家里静静，调整一下，你能不能去单位去开电话会议，或者去个咖啡厅什么的，给我留点空间。"我态度诚恳又急切。

他想了想，很狐疑地看了一下我，最后还是说："好吧，我去那个比较安静的茶室去开会，晚些回来。"没一会他就收拾好，走出了家门，我把他送到门口，关上门的瞬间，摆了个胜利的姿势。

送走先生，我立即冲进厨房，坐到地毯上，开始一片一片地收拾那些碎片。收拾完后，心果然又静了很多，也没那么憋闷了。

收拾完厨房，我坐下来，拿出那套很喜欢的精美的茶具，给自己泡了点功夫茶喝。我一口一口地品着茶的香气，欣赏着精美的茶具。窗外满树的繁花，太阳从乌云的缝隙里，一点点地露出了笑脸，刹那照亮了一室的光华，我的心安静而平和。

我审视着自己的家。我站起来，把一些家具重新挪换了位置，并把一些小摆件也重新换了方位，摆放了一下。改动完之后，感觉家里更温馨漂亮了，自己很愉悦也很满意。

我是个比较精致细腻的人，也是个很讲生活品味的人。无论住在哪里，我的家一直布置得温馨、整洁，这是我的强项。只是因为生病，我已经很久没这个心思再好好去布置这个家，甚至没有亲手为它做点什么了。之前完全交给保姆打理。突然发现，她把我的好多小摆件和花瓶都收起来了，家里也很久都没有摆放鲜花了。

擦完地板，时间尚早，我就开车去了花市。花卉市场里鲜花盛开，芳香四溢，那么多美丽的花草，赏心悦目，让我流连忘返。

我在花市里，一个摊位一个摊位地走，心里宁静又喜悦。当我看见怒放的天堂鸟的时候，我驻足在它们面前，久久不肯离去。有那么一刻，我好希望她们能带给我天堂的信息，告诉我天堂的样子，我很想知道，那里有没有繁花似锦的春天，有没有烦恼、抑郁和忧伤。

我买了几支大堂鸟，也买了一大束的香水百合，还在一个不起眼的摊位上，买到了喜爱的风信子，淡紫色的风信子，含苞待放，梦一样的迷幻。

我喜欢它，完全是因为它浪漫的名字。风的信使，那将是怎样的一种境界和情怀？在每一个春风拂动的夜里，它给人间带来

了怎样的消息，传递着什么样的爱恨和喜乐？我是多么渴望知道。

回到家，我用以前学到过的插花技术，将买来的花，精心地搭配好，插了个灵动的造型，美美地在餐桌和客厅的茶几上，各摆放了一瓶。房间里到处弥漫着百合花的香气，我的心情舒畅极了。

我懒懒地坐在沙发上，欣赏着自己的杰作，看着温馨美丽的家，内心有那么一刻，涌上了一股满足感。

晚上，先生和女儿回来的时候，看见家里的变化，大吃一惊。在他们不间断的尖叫声里，我得意洋洋。再也没有什么能比给家人带来快乐，更让人愉快和幸福的了。

晚上，我同样照着百度，做了四个菜。这次除了同样用上了烛台，我还在花市的水晶器皿店里，买来了各种花朵造型的筷子架，还有喝酸奶用的彩色的造型奇特的杯子，好看极了。

这一天，我用了半个小时的时间，做了个牡丹花造型的果盘，摆在了餐桌的中间，加上旁边芳香四溢的百合花，餐台真正地成了艺术品。在女儿"哇哇"的感叹声里，我看到了自己的价值。

"妈妈，这也太漂亮了，我舍不得吃了。"

我像个获胜的将军一样，说："生活需要仪式感！"

家里不知不觉间，又恢复了欢声笑语。对比加拿大那位终日躺在床上、等着丈夫和孩子来照顾的抑郁的母亲，我从未有过地为自己感到骄傲和自豪。

刚坐下来准备吃饭，楼上的孩子又开始跑起来了，而且那男人咚咚的走路声让我的心猛地一紧，又开始紧张焦虑起来。但我忍着，什么都没说。

过去，每当这个时候，我就开始抱怨。而此刻我知道，抱怨解决不了任何问题。改变不了他们，我可以改变自己。于是我匆匆地吃了口饭，对先生说："我出去走走，你们吃完后，把碗放那，我回来洗。"

因为我知道，楼上这一折腾，没有一两个小时，是不会停下来的。我要把所有的时间，都充分利用好，不给自己留哪怕一分钟可以焦虑、烦躁的机会。我害怕功亏一篑，更想全力以赴，看

看自己所有的努力到底管不管用。

走出家门的时候，华灯初上。审视着万家灯火，看着每一个窗口背后，晃动的人影，我想象着窗户里面，那些正在发生的美丽的或悲或喜的故事，感受着生活的静谧和美好，同时也祈祷着上苍，能让我早点把房子卖出去，离开这讨厌的邻居，开始新的生活。

不得不承认，楼上的邻居，是造成我抑郁的一部分主要原因，我平生第一次对人生出了恨意——那就是他们。我恨他们的飞扬跋扈，更恨他们的蛮横无理。

小区里静谧而安详，因为是个花园式的小区，里面有一千多种植物和花草。我爱这里的花草树木，但因为邻居的原因，又没有原因地经常厌弃它，以至于常常在外面，一想到要回家，就心烦意乱。

因为花草树木繁多，阴暗的灯光下，树影鬼魅一样，在微风里晃动，张牙舞爪，夜色里多了几分恐怖。于是我慢慢地穿过偌大的小区，从北门走了出去。

我沿着明亮的街灯，慢慢地往前走。北门外，除了马路对面是索菲特大酒店之外，其他的地方，都是空荡荡的芦苇荡和空地，还有一条河，蜿蜒曲折地伸向了不知道的远方。

这条路，我以前从来没走过，虽然有宽阔的马路，但几乎没有什么车辆经过。路边的风景，却在迷蒙的夏夜里，熠熠生辉，让我眼前一亮。

我从小习惯了孤独，更喜欢安静寂寞的独处时光。因为只有此刻，我才能让自己的想象乘上风的翅膀尽情地翱翔。

但此时，我却努力控制着自己的思绪，什么都不去想，我要锻炼我杂乱的脑神经，想办法让它安静下来，做到身心合一。

我用心地倾听着大自然发出的各种声响。呱呱的蛙声、不间断的蝉鸣；还有夏夜的风送来的花草树木轻微的叹息和低语声，我甚至感受到了花在静静开放时的声音。

当我站立在桥头，凝视着水中的月亮，突然发现自己的心安静了很多。我能感受到大自然的美好，并因此有了快感，而这真是一种久违了的感动。

我突然流泪了，为自己的变化之大、变化之快，感到幸福和

激动。短短的几天，我就像一个失去知觉、麻木了的人，突然有了痛感，那份狂喜，无法用语言来形容。

一路走下来，虽然在夜色下看得不是很清楚，但是，我找到了一条很安静的可以散步的路。虽然一半有点荒郊野岭的感觉，但我喜欢那种完全没有修饰带点苍凉感的野性的美。我像发现了新大陆一样的惊喜。

回到家，已经晚上九点半了，我在外面整整走了两个多小时。楼上的孩子依然在咚咚地跑。我让保安去告诉他们别跑了，没几分钟，保安下来了说："他们说了，他们家孩子还没睡觉，管不了，等他们家孩子睡觉了，就可以不跑了。"

我气得浑身发抖。但努力想想，这对我的病情恢复不利。于是深呼吸了一百下，上楼敲开了他们家的门。那两个嚣张的人见是我，女的态度还好点，刚想说话，男的立即拉住她说："不用理她。"

我平静地说："你可以不用理我，但是我告诉你，我得了抑郁症，抑郁症可以自杀，也可以杀人，如果你们再每天跑到十一二点，全然不顾我的感受，我就开车撞死你们！"

他们愣了一下，不知所措，我微笑着下了楼，心里却万箭穿心一样的难受。

回来后，楼上果然安静了下来。我准备去厨房洗碗，发现先生已经把碗洗完了，而且厨房按我的标准也收拾得干干净净。榜样的力量真是无穷啊。

我依旧早早地躺在床上，点了一支檀香，放好了音乐，戴上了耳机。我开了暗红色的台灯，床也换上了美丽的床单，穿上了喜欢的睡衣。

为了躲开楼上那女人硬底拖鞋声的干扰，我放弃了主卧室，住进了温馨而美丽的小客房。睡觉也需要仪式感。待我把一切都收拾得井井有条，这才心满意足地躺在了床上。

我依然戴着耳机，听音乐让自己放松下来。不得不承认，我每天都很紧张，除了繁杂的思绪之外，还紧张楼上的噪声。

以前，我每天服用三粒安眠药，但从来都不是一次吃完的，我都是先吃一粒，睡不着，再吃一粒，再睡不着，折腾到快一点的时候，再吃最后一粒，往往最后一粒吃下去的时候，才会有效果，能够睡去。

这次我先吃了一粒，一个小时候后，我想了想，又吃了半粒，和前一天晚上一样，我很快就睡着了。

第二天醒来，看见剩下的那一粒半安眠药，我高兴极了。两天的时间药量就减了一半，看来我的方法真的很有效，我对自己充满了信心。

我躺在床上，听着窗外的鸟鸣，总结了一下这两天的经历：怡情，移情，加上自控和走路让自己放松，这几项方法还是很有效的。

既然这么有效，我就要好好地坚持下去。我兴奋地起了床。竟然神奇地发现，头没那么晕了，四肢也没那么无力了，身体感

觉很轻松，我欣喜若狂。

我按部就班地把家收拾得干净漂亮之后，看看时间，刚刚下午一点。我本想躺床上睡一会儿，但躺了五分钟后，我就咬牙爬了起来。我必须对自己狠一点，也必须把所有的时间，都安排满，让我没有胡思乱想的机会。既然没有病，四肢无力就不是病，应该是典型的缺乏运动，我必须好好地调整。

于是我揣上手机，趁着阳光正好，走到了昨天晚上发现的那条美丽的路。

湿漉漉的午后，空气潮湿而闷热，对情绪的影响也比较大。因为湿热，身体上的不适，让心情也更加的不爽。我慢慢地迎着阳光往前走，穿过两条寂寞的街区，走上了那条美丽的河堤。

长长的堤岸，一边是芦苇荡，一边是河边的小路，遍地的野花。白色细小的雏菊、黄色盛开的蒲公英，还有人工种植的、大朵的红艳艳的芭蕉和很多我叫不上名字的紫色花朵。

最喜人的是，河堤上，不但长着成堆的荻花，还有大片的狗尾巴草，色彩明丽而炫目，晴空万里。朵朵白云，深情款款地俯视着寂静的河岸，又轻又软。这美丽的风景，刹那就抓住了我的心，让我的心充满了愉悦。

我拍了很多照片。不得不承认，因为做过记者的原因，我虽没受过专业的摄影训练，但照片一直拍得很好，从构图到画面，自己都还满意。在拍照片的时候，我陶醉在眼前的美景里，思想中的杂念，早没了踪影。我的双眼和内心，沉醉在周围的景色里，感受着自然和万物的美好。

走累了，我在河边坐下，静静地看着缓慢流淌的河水。偶尔有几只白鹭，鸣叫着划过寂静的水面，留下单调的回声，在芦苇荡里回响。

我突然想起了童年的很多往事，想起了四川地震时，我看见的一对被砸烂了头颅的母女，心绪又开始往下沉。

我摇摇头把自己的思绪拉回来，但那一刻，想起了已故的母亲，想起她慈祥的笑脸，想起她沧桑的、为了生计奔波的一生，禁不住一阵心酸，又开始流泪。不得不承认，在这之前很长的一段时间里，我会经常莫名其妙地哭泣。

那一刻，我好渴望一个温暖的怀抱，在这个寂静的、南方湿漉漉的午后，渴望被一个怀抱紧紧地包围着，让我感受到爱意和温暖，给我一点安全感。但是先生几乎成了空中飞人，一年

三百六十五天，我见他的日子屈指可数，而他在的时候，也会被电话、会议包围，很少能顾及我。

我因为天生要强的命，又不肯拖累别人，因此，所有的困难都会自己承担，把心包裹得紧紧的，连一丝头发都不肯给人看。这就使我更加的孤独无助。同时，强大的外表后面，内心也就更加脆弱不堪。

那一刻，我多想，能像卖火柴的小女孩一样，从天上掉下一个妈妈，能在这样的午后，把我拥在怀里，给我生活的勇气和力量，更给我战胜病魔的信心。可是希望总归是希望，我的母亲早已成了一缕青烟，除了记忆，在我的生活里坦然无存。所有的路还是要我自己独自走完。

发现自己又开始自怨自怜，我立即站起来继续往前走，把思绪努力地往回拽。我还是有点忧伤。我在路边采了一大把狗尾巴草，找了块干净的石头坐下来，按照童年记忆的方法，用他们编成小兔子和小狗。

　　我编了一只又一只，一共编了十三四只，鲜活而生动。一下子好像又回到了童年，和表姐们嬉戏打闹的样子。满满的回忆，感觉里全是甜蜜。想起五表姐被一只大白鹅追进了水塘里，浑身湿漉漉地爬上岸，一副落汤鸡的样子，禁不住黯然失笑。

　　这时，突然一个朋友给我打来电话，我沉吟了一会儿，吸了口气还是接了，我故意装出兴高采烈的样子。

　　朋友问："你最近还好吗？怎么一直没有消息？"

　　我故作轻松地说："我很好，就是有点忙，你放心好了，等我忙过这阶段，再给你打电话啊！"

　　我匆匆地挂断了电话。我不敢说太多，我怕再多说几句就暴露了焦虑的情绪，更怕我就会心生软弱，向朋友倾诉哭出来。

　　因为我明白，每一次的倾诉，对我的治疗都特别不利，每倾诉一次，都是将不快乐的事情再重现一次，都是对抑郁情绪的一次加压。

　　人很多时候，错就错在总是自己可怜自己上。如果过多地放任自己的情绪，由着性子来，就会越来越脆弱。而把希望和爱，寄托在别人身上，则更是愚蠢。这世界，没人可以成为你生命的全部，可以随时随地关注着你、爱着你。当别人感到，你可能会成为别人的负累的时候，不但没人会勇挑重担，还会迅速地逃离。

　　每个人都必须独自吞下生活赋予你的每一颗苦果，你只有强大到把它嚼碎了、咽下去，才能等到苦尽甘来的那一刻。

在命运的重压下，我们唯一能做的，就是要像弹簧一样，越挫越勇，唯有如此，才能战胜一切，还自己一个公道。否则在命运的魔爪下，永远没有公平可言。

我知道，经历了这么多，生活不会向我妥协，那么我也唯有和它抗争到底，才能定出输赢。而之于我，这短暂的一世，绝对不能输，我也输不起。我不能轻易败给转瞬即逝的岁月，让自己在流光中，颓废地老去，衰老了容颜，带着满怀的伤痛，辜负了这一场花花世界赋予我的美丽。

快乐是可以分享的，它可以愉悦更多的人。而忧伤，不但说多无益，还会导致人们逃离你，哪怕是再好的朋友、再亲的人。

这个世界，锦上添花的人永远都有，但雪中送炭的人，却少之又少。

晚上回家后，置办好了一家人的晚餐，依然四菜一汤，依然搞了一些小花样，一方面是为了取悦家人，更多的是为了取悦自己。

晚上九点，开始准备睡觉的时候，心里又有点紧张，担心楼上制造噪音。当我发现紧张的情绪一来的时候，我就急着想办法尽快地排解掉，我不允许它肆意攻击我的意志。

我试着去打坐，想让自己的心静下来。可是没坐几分钟，我就坐不下去了。我发现，就我目前的状态，靠静的方法是无法让自己静下来的。能坐下来长时间打坐的人，内心必是安详、平和的，而且这种境界，应该是持续很长时间才能锻炼出来的。

而我此时的内心，还经常像匹脱缰的野马，靠拼尽全力才能拉住它，所以，我很快就否认了这个做法。

最主要的是，当我开始静坐的时候，我对楼上声音的关注就更加敏感，心也因此更加的焦躁和不安，如坐针毡一样。

我无助地翻着微博，突然在微博的相册里，看见多年前用糖纸折叠的小人，一个个鲜活的舞者，是那么的生动、美丽。

因为糖纸很小，折叠起来很麻烦，那个晚上，在余下的不知道该如何打发的寂寂长夜里，我想，它应该是最好的消磨时间的方法。

但是，我把整个家都翻遍了，也没找到一颗糖。而折这样的小人，还需要特殊的材质才行。于是我穿好衣服出了门，去超市里买糖。

超市离家差不多有两公里的路程。我顶着惨淡的夜色和如丝的细雨，一路走过去，精心地选了十几颗糖果，售货员有点为难地说："有点少啊！"

我说："我只是想要上面的糖纸，如果你觉得少，我就多买点。"她沉吟了一会，还是卖给了我。

回到家，我一颗一颗地把糖剥出来，将糖纸洗干净。楼上的孩子、大人又开始无节制地折腾起来。我戴上耳机，一边听着比较欢快的音乐，一边开始做手工。

糖纸实在是太小了，得用小小的的剪刀才可以裁剪。不知不觉间，我全部的注意力，都放在了折叠跳舞的小人身上。

两个小时过去了，十几个色彩斑斓的舞者栩栩如生地出现，我把它们放在一张白色的纸板上，鲜活而生动。

说实话，折叠这个小人，还是十年前先生教我的。女儿跑过来，满是崇拜地看着我，连声称赞，让我喜不自胜。

那一夜做完手工后，我发现，我竟然破天荒地有了一点困意，我为这一点点的感觉惊叹不已。

我拿出笔记本，认认真真地在本子上写下了几个字：终结抑郁第五天。

我努力地让自己放松。躺在床上，我将四肢摊开，手脚放平，还做了一百次的深呼吸，音乐也换成了可以助眠的舒缓音乐。我告诉家人，我准备让自己恢复睡眠，请他们尽量配合我，不要惊扰我，给予我适当的支持和帮助。

那一晚，我最后只吃了一粒安眠药，就昏沉沉地睡去了。

第六篇

炼心有道

　　我每天看着自己的情绪起起落落，就像一个旁观者一样，看着它是如何升起来的，又被自己如何压下去的。谁说脾气一定要发泄出来？疾风骤雨一样发泄出来的情绪，不但伤人，更伤自己。在这样有的放矢的情绪把控中，我很好地锻炼了自己的脾气和性情。

　　我深知，要想逃脱抑郁的魔爪，必须从内而外地来个大改变，我不但不能放任自己的情绪，还必须从内心深处和自己的坏脾气做个了断，而修炼心性，是最关键的部分。

有人说，人最大的悲哀，是迷茫地走在路上，看不到前面的希望；我们最坏的习惯，是苟且于当下的生活，不知道明天的路有多长。

很多年来，我一直在想，无论多么美的生命体验，都会成为过去，无论多么缠绵的悲哀，也会落在昨天的阴影里，一如时光的流逝，毫不留情。生命其实就是个不断疗伤的过程，我们不断地受伤、痊愈、再受伤、再痊愈。每一次的痊愈，也都是为迎接下一次的受伤做准备。人在每个阶段，似乎都需要彻彻底底地绝望一次，才能重新再活一次。

因此，在夜深人静，每一个独处的时刻，我都坚定地认为，我得这个抑郁症，就是为了重新再活一次，是又一次的绝处逢生。在死而后生后，要品尝的，无非就是过程中的那场欢喜和感动。

从开始抵抗抑郁的第一天开始，我就把生活，有意识地当成

诗来过。

我重新换了窗帘，把家里收拾得美丽整洁。在精心布置家的时候，找到了生活的艺术所赋予我的美感。

我几乎每天调换餐桌和茶几上的插花，每天拿出时间去逛逛花市，努力让自己的心情处于愉悦的状态。我几乎从来不给自己闲暇的时间，让自己无事可做、胡思乱想。

我买回来大量关于插花和餐台摆放艺术的书，每天照着去做。忙碌的、赏心悦目的过程，让我实实在在地找到了创造的乐趣，找到了得心应手地打造美丽空间的价值。几年来，我第一次感觉到，自己是如此地热爱生活、热爱这个家。

我照着菜谱，每天给家人换着花样地做着饭菜。在这个过程中，不但能让自己在不知不觉间就安静下来，同时也获得了极大的成就和满足感。

人在很多时候，尤其是在迷茫看不到方向的时候，当你觉察到你可以为别人创造幸福和快乐，被他人需要时，内心会瞬间价值感爆棚。

窗帘换了新的，家具也被我重新挪换了位置后，美丽的家焕然一新，充满了生机。希望也像初生的太阳一样，朝气蓬勃。

每天收拾停当，我像个君王一样，在自己的领地里来回踱着方步，审视着美丽的家，心满意足。

那些被我拣出来，准备摔掉的碗，摔到第六个的时候，我就不打算再摔了。不是因为心疼钱，而是没有了再想摔的欲望。因为我的心，一天天从焦躁烦乱的状态里开始解脱，越来越轻松自在。这时候，是抵抗抑郁的第八天。

时间每天都被我安排得满满的，加上随时随处刻意使用的怡情方法，让我的身心，突然得到了解放，就好像一个长久以来一直被紧紧捆绑着的人，终于有一天，麻绳断裂，那种一点点被解除了束缚的快感，只有身在其中的人才能够体会。我每天都能感受到自己巨大的进步，这让我找回了生而为人的快乐。

我清楚地感到，做家务、怡情和移情的方法，对治疗抑郁情绪的巨大作用，因此更加的乐此不疲。最主要的是，我在这个过程中，真正地体会到了快乐和满足。

我也依然坚持每天散步走路，用镜头去记录生活的美好。因为刻意地和外界拉开了距离，不再受外界人和事的干扰，我的心，一天比一天安静快乐起来。

偶尔也还是会有心绪烦乱的时候，每当这个时候，我都会努力调整自己的心情，立即就做好预防，保证做到不和家人发火，不放任自己的情绪和脾气。

长久以来，我清楚地知道，夫妻也罢，子女也好，除了亲情之外，都不能相互替代。尤其是夫妻，夫妻关系，大多时候是用来互相扶持、互相成就的，谁都不是谁的附属品，每一个妻子和丈夫都该是独立自由的，在彼此的关系里，保持心灵和精神的独立、互相尊重、互相支撑，才是最重要的。

女人在现有的婚姻关系里，更应该做一个知性美好的人。内心平静、举止优雅，只有你自己足够得体和优秀，才能赢得婚姻

中另一半的尊重。你只有自己做到赏心悦目，别人才能把你放在高处，带着崇拜去欣赏。而身为女人，将自己活成一个艺术品，是时刻提醒自己该做的事。你必须先成为自己的崇拜者，才有机会被别人崇拜。

而作为一个母亲，更不能忽视榜样的力量。你只有表现得足够优秀，才能在子女的心目中建立起相应的地位，赢得孩子的爱戴。

所以，每天一到孩子快放学、先生快下班的时候，我无论多不舒服，多懒得动，都会坚持咬牙爬起来，除了把家里收拾得干净美丽之外，自己也要把自己收拾得清爽、整洁，以一个健康、快乐的姿态，出现在他们面前。

我从没穿得很正式，也绝对不会去扮演海盗或护士什么的角色，来浪费自己的时间，盲目地去讨他人的欢心。但也绝不会以睡衣的拖沓形象去见他们。我会穿漂亮、颜色鲜艳的休闲装或运动装，每天画一点淡淡的妆，只是为了高兴。这样不但显得我会有朝气和活力，同时也在提醒自己，我依然还年轻，依然还算美丽。

我给他们做美食，摆漂亮的餐台，做精美绝伦的果盘造型，每天都会在他们的惊喜和赞叹声里，心花怒放。

我明显地感觉到，那两个人，已经完全被我"迷住了"。他们快乐地深爱着我的情绪，也给了我极大的信心。

我努力给他们带来快乐，绝不让自己的抑郁，露出一丝的"狐狸的尾巴"。

当然，我也还是会有心情烦躁、突然不能自控地焦躁的时候。每次当我发现自己的情绪来了的时候，我立即会站起来离开他们说："我这会有点烦乱，你们别惹我啊，如果我表现得不够冷静，或者没控制住说了什么过火的话，做了什么过火的事，你们要原谅我哈，千万别和我对着顶，当然我不会太过分的，我会控制自己。"每次当我说出这番话的时候，其实我已经完全控制住了自己的情绪。

人都是需要被尊重的，无论是夫妻还是子女，每次当我真诚地发自肺腑地说出这些的时候，他们俩都会点头，如捣蒜一般地回应我，并表示，只要我不把房子点着了，他们绝不会惹我生气，而且绝对做到宽容、忍让。每次我也会被他们的说辞所感动。

通过这样的交流和沟通，一家人的心，似乎也贴得越来越近，关系也越来越融洽。

我每天看着自己的情绪起起落落，就像一个旁观者一样，看着它是如何升起来的，又被自己如何压下去的。

谁说脾气一定要发泄出来？疾风骤雨一样发泄出来的情绪，不但伤人更伤自己。在这样有的放矢的情绪把控中，我很好地锻炼了自己的脾气和心性。

自从参加工作之后，因为职业的原因，我脾气很急躁，经常沾火就着。而且喜欢较真，如果自己有理的事，一定据理力争，凡事都要解释得清清楚楚，明明白白。这不但使自己很累，也让

别人很累。之前，在先生和女儿面前也很强势，因此还被他们冠以"常有理，赵没错"的称号。

自从开始抵抗抑郁后，凡事，我都学会了忍让三分，学会了遇到任何事，先掉头走开一会儿，换一个方式，平复好情绪后，用平缓的态度、低低的语速去处理，我觉得效果超好。这样，既可以不放纵自己本来就焦躁的情绪，不让自己变得歇斯底里，还可以看起来很有教养、让别人感觉舒服，何乐而不为呢。

于是，当女儿不好好写作业，开始偷玩手机时，以前我会大声呵斥。她如果顶嘴，有那么一两次，我甚至还拿皮带抽了她。

那时候，我借机宣泄着自己焦躁的情绪，常常停下来后，自己都觉得很不好意思。可当时，根本没想过要控制自己，由着性子来，不但自己气个半死，家里也被我搞得气氛紧张。

这时，我深深地知道，要想逃脱抑郁的魔爪，必须从内而外地来个大改变，我不但不能放任自己的情绪，还必须从内心深处做个彻底的改变，而修炼心性，是最关键的部分。

这之后，和女儿相处，准备发火的时候，我会在原地转上一圈，或者干脆走出这个房间，在心里数六十下，让自己平静一下再走回来，走回来的时候，我不会再喊叫，而是以一种平和的态度去和她讲道理，力争做到，用总结性的语言去说话，绝不啰嗦。一个事情只说一遍，以免成为琐碎、唠叨的老妈，在她面前失去威严。

有一次，我一直叮咛她快点写作业，说好四十分钟完成，结果一小时后，我过去发现，她竟然一个字都没写。我的火腾一下就上来了，一把抓起她的作业本，刚想撕掉，随即就在心里告诉自己："要冷静，绝不能发飙，换一个方法也许会更好！"

我在原地转了一圈，随手把本子扔在桌子上，看女儿紧张的样子，她已经做好本子被我撕掉或者挨几巴掌的准备了。

我到客厅里走了半圈，强压制住怒火，回去平静地说："让你四十分钟写完作业，现在已经一个小时了，你这样挑战妈妈的耐性，觉得对吗？如果我打你，你伤心，我也生气，你觉得我愿意打你吗？"她没吭声。

我继续说："每次打你，我都很心疼，而且你一天天长大了，我们两个应该互相尊重。管好你、看着你写作业，是我作为妈妈的责任和义务，而写好作业，听妈妈的话，也是一个孩子的责任和义务。我以后尊重你，有话好好说，你也要尊重我，按我的要求做好你该做的事，你看好不好？你也可以想想，此刻如果你是妈妈我是女儿，你会怎么做？妈妈更需要被你尊重！"

听了我的话，女儿立即高兴地说："妈妈，对不起，我下次再也不这样了，我用半小时写完作业！"说完，立即开始认真地写作业。

我站在旁边审视了她一会，觉得这次换了个平缓的方式，果然不一样了。以前每次，在我大喊大叫，甚至暴力相向的时候，从来没换来过她的道歉，即便是道歉了也是心不甘情不愿的。

换个方法如此有效，这也给了我很大的信心。

人生很多时候，真的就是峰回路转的一个过程，希望往往就在拐弯处，而很多时候，我们常常因为缺少耐心和毅力，还没等到拐弯，就开始放弃了。当你的信念被摧垮，唯有意志才能将你带回生活的归途，让你重拾柳暗花明的喜悦。

当我从女儿房间里走出来，和躲在门外准备来平息"战火"给女儿救驾的先生撞了个满怀，见我以如此平和的态度，解决了和女儿的事，他第一次很深情地看了我一眼，看得我很不好意思地红了脸。

也就是从那一刻起，我深刻地感受到，在家庭生活里，女人的言行举止，决定了这个家庭所有的欢乐和痛苦的走向。如果你是一个母亲或一个妻子，你的贤德、你的知性，甚至是你的快乐和悲伤，都决定了这个家庭的基调。

而你想让你的家人成为什么样的人，作为核心的你，一定就要先成为什么样的人。女人是一个家庭的精神支柱，更是一个完美家庭的缔造者。生活赋予了女人柔美和韧性，女人也该当之无愧地将那份柔美和韧性表现得淋漓尽致才行，才不至于辜负了身为女人的那份媚骨柔情。

当我意识到这一点，从那一天开始，我变得知性、温柔了很多。

我几乎在一夜之间，就改变了自己的火爆脾气。因为我在女儿和先生身上，看到了温柔的力量。同时也发现，温柔还可以让我变得更加有教养，免去了火冒三丈后对自己的伤害，让自己的心，一天天地趋于平静。

我在心里对自己说："不生气，不发火，可以缓解我的焦躁、我的忧郁。何乐而不为呢！"

人有时候，难就难在不能准确地认识自己，而常常，即便能认清自己了，也不愿意改变。人们习惯于对世界，对环境不满，挖空心思地去改变世界、改变他人，却很少愿意去改变自己、面对自己、审视自己，很少有人能真正明白，自己改变了，世界才会跟着改变。

在我试着去改变自己的心性的时候，我发现，这不但给自己带来了快乐，也给身边的人带来了快乐，而这种通过改变得来的喜悦，自己才是最大的受益者。我不再因为暴跳如雷，而肝气抑郁、心肌受损；也不再因为愤怒而心慌气短，身心疲惫。我变得温暖、随和，在这份温暖、随和的背后，延伸出处事不惊、平静、安详的魅力。

大学校园很大，一次上课结束后，我好不容易穿着高跟鞋走到了北门，因为车就停在北门外。结果保安却把我拦了下来，死活不让我过去，我眼睁睁地看着栅栏外的车，怎么和他说都不行，我下午就是从这个门进来的，而且我出示了教职员证，他还是没有原因地不让我出去，偏让我再穿过校园，从东门出去，再绕回北门外拿车。

我说尽了好话，他仍旧无动于衷。因为他很高，我往前走一步，他就用胸膛拦着我，往前顶一步，这让我很生气。学校根本

就没有规定，哪个门能走哪个门不能走。他那天就是为了难为我。

站着上了一下午的课，我已精疲力尽。加上穿着高跟鞋，穿过整个校园，我已经走了好几公里。再走到东门去，然后再绕回北门来，我又得沿着校园走一圈，最主要的是，天已经很黑了，学生们都开始上晚自习了，校园里静悄悄、黑漆漆的，而此时，天上还飘着小雨，我连伞都没带。

我跟他说："我是这里的老师，校园里太黑了，再走回去，我很害怕，而且下午我就是从这里进来的，现在又下雨，绕一周我得走上一个小时，我没带伞肯定衣服会被打湿。"

他说："我不管，我就不让你走，你必须绕过去。"

我问："你为什么要这样？"

他不说话，一步步地向我逼近。

我已经开始火冒三丈了，但转身就强压制住了怒火。

我知道，要想完全治好自己的抑郁，脾气和心性不改变，一切都是枉然，如果我由着性子和一个保安吵架，不但伤心伤肝地生气，同时也是在放纵自己的情绪，如此周而复始，我就根本没有好转的机会。心性的改变，是治疗抑郁的有力手段，我只有变得温和、有耐性了，才能通过日积月累的修炼，让自己成为一个平和的人，从而达到内心的淡定和从容。

我退后一步。突然慢吞吞地说："你再逼近我，不让我过去，我就要晕倒了。我今天累坏了，很不舒服，到时候你还得叫救护车来救我！今天你就把我想象成你姐姐，如果是你姐姐你会怎么做，你就不和我较劲了。"

他一下红了脸，站在一边没再说话。

我笑着走出了北门，看见他还呆呆地站在原地。于是，又走回北门口笑着对他说："谢谢啊，但今天真的是你不对，你不该故意为难我！"

车开出去了很远，从反光镜里，我依然看见保安傻傻地站在原地，看着我渐行渐远。我的心一下又软了下来。

还有一次，因为路上塞车，我突然感觉心烦意乱，到了学校门口时，将车开过了路口。我很任性地在直行线处掉了头。一个警察从后面追了过来，我从后视镜里看到了他，当时我的车正好在中间的路上，就想着再往前开一段，停在马路边上，免得影响其他车辆通行。

结果那警察看见我后，我刚摇下车窗，他就指着我的鼻子，声嘶力竭地大喊："你——给——我——下——车！"

我是做记者出身的，他如此粗暴地执法，这要是在过去，我早和他理论理论了，但是想到自己正处于炼心的阶段，应该让自己尽量心绪平和，做到不急不躁，我叹了口气，说："我在不该掉头的地方掉头了，对不起，是我的错，我道歉。"

他说："对不起就完了？道歉就完了？"

我说："道歉不行，那你还让我怎么样？给你跪下？"

他说："跪下就完了？"

我愈发气愤了，但还是压制着自己的情绪，在心里告诫自己说：如果想战胜抑郁，必须从每一件事情上开始历练！绝对不能动气。想到这，刚刚升起的怒气，立即开始消融。

我轻声地说："那你想怎样？我不就是一个违章吗，你按交通管理条例处罚就好了，你还能怎么样？生这么大的气，动这么大的肝火，不觉得这样很不绅士吗？消消气吧，没什么值得大动干戈的事。你骂我没关系，气坏了自己不值得。"听了我的话，他稍稍愣了一下，但仍旧继续咆哮。

说实话，我从来没见过这么没教养的男人，尤其是警察，作为一个执法者，他表现出来的素质和教养，实在让我大跌眼镜。

为了不让自己动怒、失去理性，我开始保持沉默。他继续叫嚷说："你说话啊，你不说话我就报警，让110来抓你，说你抗拒执法。"

我微笑着对周围的人说："你们看见了，我什么时候抗拒执法了？我一直在道歉，他一直在大喊大叫！好吧，我来报警，让其他警察来看看你的样子！"

说着我掏出手机，但我片刻又放下手机，说："我不想让你难堪，这事真的不大，就一个违章而已！我认罚。"

那一刻，我不想再和他发生任何的争执，我实在不想生气，不想让我那么多天的努力，因为他而功亏一篑。

沉默了一会，我柔声地说："行了，别再暴跳如雷了，这样子，一点风度都没有，你想怎么处罚就处罚好了，消消气。这世界，除了生死没什么大事，不值得如此大动干戈的。"

他一下红了脸，尴尬地没说话。我把驾驶证递给他。

他查了一下我的驾照，我的驾照上，已经被扣掉了六分。他当场又扣了我六分，接着，他说："从现在开始，你的车动一下，就是违法。"我依旧微笑了一下没说话。我的微笑，再次激起了他的愤怒。

他突然说："你把车往前挪一下，这里碍事。我听了他的话，把车往前挪了一下，他接着又递给我一个罚单，说："你的车又动了一下，再扣两分。一共扣八分。"

我拿着罚单，怒火中烧。想发火的时候，我在原地转了一个圈，最终还是忍住了，转过身对他说："死活你都是想让我去学习了？你想让我重新去考驾照？没关系，我去考。感谢你给我这次机会。我明天就去学习。"

说这话的时候，我也是这样悄悄劝慰自己的，一点和那警察生气的意思都没有。我告诉自己：改变不了的事情，就愉快地接受，这样会让自己更开心，我所有的努力，都是为了让自己更加安静平和。

那一刻，我也突然学会了妥协，向生活、向所有的人和事妥协。而妥协，是一种温柔的力量。

当着他的面，我给先生打了个电话，说我的车不能开了，我知道，如果我开回家，他一定会躲在暗处，抓我无证驾驶的现行。

我笑着在他递给我的罚单上签了字，说了声："谢谢！"他脸都白了。

我的驾照当场就被他停用了。怕自己焦虑难过，我在心里对自己说："别难过啊，没什么了不起的，正好又增加了点新的事情可以做，也算是一件好事。"在心里安慰完自己之后，我就真的放下了，再也没有想过。

之后，我用一个星期的时间，再次拿回了驾照。尽管当时仅考了 90 分，但还是为自己顺利地通过了考试，很是欣慰。

走出警察的视线后，我对自己如此的忍耐力，吃惊不已。对自己在一个暴怒的几近疯狂的警察面前，表现出的淡定、风度和从容，更是大加赞赏。

我突然发现，无论男人或女人，若能在处理大是大非面前，从容淡定，不愠不火，那实在是种难得的教养和气度，无形中会给自己增添很多的魅力值，同时也能让自己的心达到另一种境界。

一刹那，我眼前浮现出，如果我和警察大喊大叫、相互对峙的场面。想到我也怒目圆睁，面部像那个警察一样扭曲丑陋的样子，我暗暗地倒吸了口冷气。我为自己保持住了优雅而自豪。

尝到修炼心性和隐忍的好处后，我更坚定了信念，要做更从容淡定的人，彻底将我体内尚存的暴躁习气消除掉。

我努力在心里驱除掉对那个警察的怨气和憎恨，一心把事情往好处想。我突然发现，宽恕他人，是让我敞开心胸、打开心结的最好武器。

回到家后，我尽力让自己平静下来。在心底把那么多年来，伤害过我的人，一个个地抻出来在阳光下晒：那个社长，三哥，还有其他的看似当时在心里怎么都过不去，认为可以憎恨一生的人。

我一个一个地把他们的名字写在纸上，对着镜子问自己："他们是伤害了你吗？"回答是肯定的，但同时另一个自己也告诉我说："他们在某种程度上，也教会了我成长，让我更加清楚地看清了这个世间的真相。之于生死，之于生活，这些人在我生命最阴暗的角落里存在，他们从未给我带来过快乐或光明，我要记住他们的意义又在哪里呢？"

我写了十二个问题，一个一个地去问。最后得到的答案是，放下他们的伤害，彻底忘记他们，也许我会更加快乐。

这段时间，因为刻意和外界拉开了距离，我养成了和镜子里的自己对话的习惯。

我看着镜子里的自己说："原谅他们有什么不好吗？这些都是过去的事情了，一个有智慧的人，只有放下过去，才能重生到现在。而且，每次经历，无疑都是一次历练和成长，那社长，不是教会你以后在和别人打交道的时候，要把一切都写在合同条款里吗？而三哥，不是让你在童年时，就变得特别成熟和懂事吗？正是因为那些忧伤，让你有了写诗词的天分，上天让你迈出的每一步，都不会是白走的。"

也就是那一天，我放下了所有的心结，那些积聚在内心多

年，甚至几十年的不快乐往事，仅一刻，就被我一笔勾销了。我原谅了所有人，也真正地放过了自己。那些伤痛，曾在过去不经意间的每一个时刻，那样痛彻心扉地折磨过我，伤着、痛着，却又无法释怀。

之后的某一天，我突然接到了田小的电话。接到她求助的电话时，我的眼前立即浮现出了那个飘着大雪的夜，看见了风雪从窗户里倒灌进来，把我几乎冻僵在床上的场景。

和田小的相识，源自一场解救。当时作为深度报道组的记者，我和某市公安局刑警大队的人一起出警，解救了一批被拐卖的年轻妇女，田小是其中的一个。

十五年前，我和田小都还很年轻。作为四川女人，田小有着川妹子特有的灵动和美丽。因为喜欢她，加上当时被解救的妇女多，派出所里装不下，我就将她和十几个年轻的女孩，带回了家。那时，我是个清清爽爽的单身女子，自由、洒脱，热情、善良。因为单身宿舍很小，她们就在我的地板上睡了一地，我跑到超市里，买了一大堆的睡衣，分给了她们。

田小是这群女子里，比较特殊的一个。她美丽，也聪明。她的故事也很有新闻性。

她身世特别，当年她被拐出来后，卖给了一个开杂货店的小老板，那个小老板身体健康，外貌也不错，只是有个精神病的老婆，疯癫到大小便都失禁的地步。那老板把田小买来后，关在了家里，照顾他的家人和妻子，同时也是他的泄欲工具。

为了怕他妻子的家人和村里人知道找麻烦，他们终年将田小关在一个房间里，不准出门。

田小自然地在这个家庭里承担起了做家务和照顾那男人的疯女人的任务，可时间久了，她不但没有厌倦这种生活，还爱上了那个关了她整整十多年的男人。

直到她的情况，也同其他同村被拐卖的妇女一起被举报，她才被解救了出来，但她对此并不情愿。

出来后，聪明的田小看见我是记者，立即拉着我讲述了她的身世，并反复偷偷地问我，她这种情况，如何才能让那个男人和他的疯女人离婚，名正言顺地娶她。她想着让新闻媒体施加压力，让疯女人的娘家人不要去闹，这样那男人就没有压力，可以和她结婚了。

不得不承认，年轻的充满救世主情怀的我，被她妥妥地利用了一把，到处为她奔走呼号，最终那男人和疯女人离了婚，娶了她。而那疯女人的娘家人，也因为我们媒体的介入，很轻易地就放过了她和那个男人。

如此过了三年，突然有一天，田小来到了我的家里。那时，因采访出差的时候，在高速公路上出了车祸，我的双腿都断了。只能终日躺在床上，慢慢恢复。当时，单位给我请了个小女孩，很精心地照顾着我。日子虽然难熬，但也平平静静。

田小的到来，突然把一切都打乱了。她和我哭诉，那个男人如何打她，说她在那个家里实在待不下去了，看见我家里有阿姨在照顾我，就央求我把那女孩辞退了，让她来，并保证一定会尽

职尽责。

我动了恻隐之心，辞退了那个女孩，将她留了下来。每月按给那个女孩的价格给她开工资。开始，她照顾我也还算尽心，没过几天，她就开始偷懒耍滑了。

因为我双腿不能动，终日要躺在床上，她常常躲进其他房间，在里面呼呼大睡，有时候，我着急上厕所，她都假装听不见不肯出来。

吃完的碗筷，尽管就两个人，她也好几天不洗，动不动就攒成一大摞，将厨房堆得满满的。那时我依旧单身一人，身边也没有亲人照顾。人在病床上，无能为力。

一天我要去洗手间，怎么喊她都不回应，我特别生气，把她叫过来说如果再这样，就不用她了。结果她没有扶我去厕所，反而把所有的门窗都打开了。

寒冬腊月的北京，那一天漫天的风雪，我当时住在六楼，门窗打开的瞬间，风雪从外面忽地倒灌进来，因为床就在窗户下面，没几分钟，我就被冻得瑟瑟发抖。她将门窗打开之后，恶狠狠地说："我要冻死你！看谁管你。"说完她穿好衣服就走出了我的家。

我好不容易打通了邻居的电话，但邻居家没人，一小时后，邻居回来，从敞开的门外，看到漫天的风雪倒灌进我的家，我在床上穿着睡衣被冻得抖成一团，心疼不已，气得咬牙切齿，要报警，被我阻止了。

那一天，我的床上堆了厚厚的积雪，满地雪水，穿着薄睡衣的我，很快就被冻得感冒发烧了。

事隔近二十年，她竟然又来找我，我很是诧异。她简单地跟我寒暄了一下，在电话里捶胸顿足地大骂自己的不义行为，诅咒发誓地跟我解释当年的事，我阻止了她。

说来也奇怪，再次听到她的声音。我出奇的平静，无爱无恨，心里波澜不惊。

她最后问我能不能给她找一份工作，说她先生得了严重的尿毒症，什么都做不了了，她不得不出来打工，为她先生赚钱做透析。她说，那时候她太年轻了，不懂事，现在经历了这么多，她明白她做了很多的错事，她知道自己太对不起我了，一心想找机会补偿，她说，这么多年，她念念不忘当年的事，希望我能原谅她。

她说她的孩子也死了，老公得了这样的病，一切都是报应。

我问她想做什么，她说，她想做保姆，我一阵心痛。说："你不适合做保姆，你的心曾经太狠毒了！"

放下电话，我想了很久，还是给我一个开中介公司的朋友打了电话，请她帮田小在超市里找一份工作，但我特别强调，绝对不能给她介绍保姆的工作。

没用几个小时，朋友就在一家超市给她找了个清洁工的工作。我给田小发去了联系方式，再也没接过她的电话。

我给她发了一条短信，告诉她，永远不要去做保姆，她答应

了我。

很快我就忘了这件事。几天后，开中介的朋友，笑眯眯地提着一大篮子水果来到我家，说是田小买的，让她交给我。我看见在篮子的上面，有一个蓝色的贺卡，上面一行歪歪扭扭的字："愿你平安健康！"

我留下了贺卡，让朋友把水果带了回去，千叮咛万嘱咐，让她不要告诉田小我的住址。这个人我可以帮她，但我不想再和她有任何的交集。

我原谅她，是为了锻炼我的心智，并不意味着我还能接纳她。

那一天，我领悟到，在这个滚滚红尘里，只要我们的灵魂能有安放之地，心就永远不会失去温度，人与人的关系，也就不会深限于爱恨情仇里不能自拔。放下即是自在，放下才有平安、喜乐。

我选择宽恕，是为了让自己快乐，让我的心彻底得到释放，灵魂从容地得到救赎。我努力让自己做到，宁肯天下人负我，我绝不负天下人的状态，是为了在自己日渐高尚的感受里，一天天地开始从容、淡定。

当我放下那些曾经在心里纠结了很久的恩怨、往事，再回首，发现我已能够坦然地面对自己的内心，我变得轻松、自在。

第七篇

抑郁只是情绪病

那一刻，我更加坚定地认为，抑郁只是一种情绪病，根本不是什么精神病和无药可治的疑难杂症。更不是羞于见人和难以启齿的怪病，跟疯子、神经病，完全不搭边，它只是因为我们的心灵过于敏感、细腻，比别人对生活和人生的感悟更深刻，才会暂时迷失了自己。

它是完全可以通过精神和意志的力量来控制的，只要你想让它好起来，学会控制自己的情绪，随时都可以把它赶走。

你需要坚持做到的，就是让自己静下来，避免放纵自己的情绪，甚至把希望寄托在别人身上，这样它就完全不算事。

人们常说，人生就是一场峰回路转，总有柳暗花明的时候。可是在现实生活里，生活常常不但不给我们柳暗花明的机会，还不给你选择的余地。

每当这时，无论你身在何方，处于什么样的境地，都应该去做环境和生活的主人，努力像小树一样，把你的根，深植于土壤中，迎着朝阳向上开花，也只有这样，你才能迎来希望的曙光，看到未来生活繁花似锦的景象。

当我自以为，找到了可以排解忧伤和抑郁的方法时，我就努力地践行它，无论好坏，我都想看到一个结果，哪怕失败了，再另寻他路，从头再来。我设定的方案，就要一丝不苟地去完成，绝对不给自己喘息的机会。

从小练就的倔强脾气，使我从不会在困难面前低头。因为我知道，妥协的结果，就是被生活打败，成为它的俘虏，过着身不由己、自哀自怜的日子，永远被它摆布。而这短暂的一生，来之

不易、趋之若鹜，我无论如何都不该辜负它。

我常常会把撞得头破血流的南墙拆了，继续走，因为我知道，转头再走来时的路，不一定好走，而南墙外，一定会有另一番风光和景象，让我心动。

如今，当生活把我推向了绝境，无路可走、无处可逃，活得生不如死的时候，唯有奋力挣脱出来，才能重新活过来，和生活相依相拥。

每天除了按部就班收拾家、做美食、搞一些小情调外，一大部分时间，我都拿出来锻炼走路。我喜欢微风轻拂的感觉；喜欢在蒙蒙细雨里，被雨丝抚摸脸颊时的微微的刺痛感；喜欢让自己的心和大自然有个连接的机会。

开辟出来那条美丽的路后，我每天都要拿出两个至三个小时的时间，在做完了家务后，去走走。

一路上，我会不停地用镜头记录看到的美景。

潺潺的小河流水，枝头飞烟的杨柳，江南细腻的水墨烟窗；路边细碎的野花和狗尾巴草，甚至偶尔在水面鸣叫着划过的白鹭，都会带给我瞬间的震撼和美感，让我不能自主地感动一下，充分感受人间的美妙，自然的美好。

我喜欢沿着那条美丽的河堤，走一些荒凉而僻静的路。

我住的地方，因为属于别墅区，所以环境比较好。但周围很多地方，都是荒芜的待开发的空地。偶尔远远有一两处建筑工地，也是孤单寂寞地运行着，因为相隔太远，也没什么喧嚣。所以保留了很多原始的自然风光，这是我最喜欢的地方。

我从小的生活环境，就背对着原始森林。密林深处，经常是我徜徉、遐想的地方。我喜欢那里的安静、深邃，还有原始森林深处，那种天人合一的孤独感。

如今，有了这样安静、美好的去处，我自然不会放过与自己相处的机会。我一直觉得，与大自然相处，是最好的与心对话的方式。

在与心对话的过程中，我总是告诫自己：暂时的情绪问题，任何人都会有，只不过，这个病来的时候，会严重一点、持久一点。它能达到多严重的程度，有多持久，这完全看自己的心智，看你是否想成为一个情绪健康的人，这也取决于自己对待生命的态度，甚至是对家人的责任感。

每次，当我漫步在这风光旖旎的地方，我的心都会忽然宁静平和下来，我可以追着戏水的白鹭，在花间轻舞的彩蝶，兴致勃勃地走上很远，也会为捕捉到的每一个美丽的镜头而激动万分。

每天，我总是把拍回来的照片，挑出几张画面优美的，回家用个把小时的时间，全神贯注地将它们配上自己写好的诗词。

那一天，我拍到了断桥边如血的落日，落日下轻轻拂动的杨柳，还有江南水墨画样、白墙灰瓦的农舍，回家我就填了两首词。

满庭芳

黄菊沉香，桂枝悬月，醉揽半夏秋光。雾失天阔，云去惹愁殇。驿外桥边落日，殷如血，水墨烟窗。江南岸，荻花寂寞，归雁驻空梁。

哀伤！空自叹，亲恩梦断，几世情荒。再难见双亲，冷透空房。憔悴羁旅倦客，怀远志，轻慢红妆。歌声断，孤魂尚远，泪老满庭芳。

填这首词的时候，因为孤独，特别想念我已故的母亲，泪落如雨。这首词，也淋漓尽致地抒发了我当时的心境。

清平乐

霜枫向晚，乌雀声声远。

无限思量愁素眼，

别后梦深酒浅。

风来雨去年年，归来雪漫窗寒。

无奈空留人面，人前依旧秋山。

填完这两首词，我发现，我的诗词基调过于忧伤，我总是走不出将繁花、落日，赋予凄美境地的情绪。于是我开始努力改变自己的词风，让自己的诗词尽量欢快起来，因为在填词写诗的过程中，我也得到了片刻的宁静。所以我觉得，这也不失为一个疗愈的方法之一。

由此，我就又增加了一个抗抑郁的项目。

那一天。我一共写了三首诗词，而且是坐在河边完成的，用去了我大半天的时间。

在这大半天的时间里，除了构思和查找词韵，我脑子里什么都没想。

那个安静的午后，清风拂动，蝉鸣声声，一切都是那么的和谐美好，有那么一刻，我被生活的美好、自然的美妙感动得泪水

盈盈。

> 清风拂远目，
>
> 锦色正秋黄。
>
> 青山依云动，
>
> 空阶暗匿香。
>
> 烟霞暖村舍，
>
> 白月冷苍梁。
>
> 忽有林中鹊，
>
> 时鸣在庙堂。

最后一首诗写完后，我忧伤的情绪已经有了很大的缓解。在这个过程中，我也做到了有效地调控自己的情绪，把控它们的起伏和降落。

当我发现走路和摄影，也是很好的平复情绪的方法时，这也就成了我每天必修的功课。

五天后阴雨的午后，我又出来散步，因为天气阴晦，我的情绪也不是很明朗，走在河边芦苇荡旁边的时候，那些忧伤和烦躁的情绪，又突然像阴雨一样地袭来，我也因此感到心慌气短，脚下无力。

当我发现这种情绪来了的时候，我立即努力把心绪转移，可是我还做不到。没几秒钟，就又想起来很多不快乐的往事，越想心里越不开心，越堵得慌。

为了分散注意力，我找了一些石头，在河边堆了一个石头人，用路边的野花做了一个花环戴在了石头人的脖子上。

我安静地坐在它旁边，突然发现，在这静寂的午后，石头人竟然成了我的一个伴，让我突然不那么孤单了。

我告诉自己：你必须在意识里，坚持做一个好人，一个积极向上、乐观的人，你的情绪就不会出现太大的问题，偶尔的一些不快乐或忧伤的事，不过是生活里的一些小插曲，当你有足够的智慧和能力，控制这些情绪的时候，一切就都能迎刃而解。

最主要的是，当我每一次精心地制作一些小玩意儿、转移情绪的时候，都能达到很好的效果，让我的头脑暂时出现一些空白，什么都不想，内心也会安静祥和许多，我觉得这个方法，对

治疗忧伤和抑郁的情绪，真的是太有效了。

因此我总结出一个规律，所有可以编织、整理、摆放，甚至刺绣的方法，都可以有效地缓解焦虑的情绪，让你的心变得美好、安宁起来。在抑郁的过程中，只要你肯让自己动起来，采取移情、怡情的方法，都会有效。

那时候，最让我苦恼的就是我的脑神经，他们经常搅在一起，拼命地旋转。而我，虽然早就被转得快疯了，精疲力尽，但却无法让它们停止片刻，它们根本不受我的控制。

没人能告诉我这是什么原因，医生也从来没给我解释清楚，我甚至耳朵里永远都有一种嗡嗡的鸣叫声、嘈杂的混乱的声响，就像电波一样。这导致我无法入睡、无法安定下来，让我心情焦虑、导致我身体上太多的不适。

我曾经自己去网上查过，唯一让我感觉契合的就是植物神经紊乱这个词，我不知道我是不是这种病，但我知道，我的神经功能是紊乱的，从它表现出的状态看，已经趋于严重的紊乱状态。

我的大脑，几乎没有一刻安宁的时候，所以当我发现我编织小兔子、小狗、堆石头人，甚至在拍照片走路的时候，神经总能在我忙碌的状态下，不知不觉地停下来的时候，这让我欣喜若狂。

我坐在河边，凝视着微风轻拂的芦苇荡，看着一堆白鹭，互相追逐着划过水面，留下一长串清脆的叫声，还是不自觉地哭了出来。我不知道自己为什么哭，孤独、憔悴、抑郁，那一刻全部袭来。

我告诉自己使劲哭一场吧，很多时候，我太不像女人了。

我从小就学会把苦痛一个人扛着，打碎了牙齿往肚子里咽，可是咽下去的牙齿和泪水，又真正消化了多少呢？它们无不化成了抑郁、忧伤的情绪，积聚在了我的内心深处，造就了今天严重抑郁的我。我对自己说："哭吧，使劲哭一场，让自己舒服一下，也许我需要大哭一场！"

每天走路，成了我抵抗抑郁的过程中，最快乐的时光。我喜欢一个人徜徉在寂寞的自然深处的那种怡然，甚至常常忘我的状态。陶醉于它不经意间带给我的片刻的安宁，我风雨无阻。

第十天，当时是一个阴雨的周末。不急不躁的雨，从周六的早晨就开始下，一直下到了第二天中午，才渐渐地停歇。但天气仍然阴沉得像浸了水的抹布。

先生出差了。为了带十一岁的女儿看看那条美丽的路，雨刚停，我就拉着她出了门。

我们本来想雨不会来得那么快，怎么也会停几个小时再下，所以也没带雨伞。

这一天，我带她走到了更远的地方，那是我之前一直没走到过的地方。眼见着天色越来越暗，我们就开始往回走，可是没走几步，还是下起了雨。越下越大。

因为四周都是空地，只有很远的地方有一个建筑工地，无处避雨，我们只好一路往前狂奔。

跑着跑着，正巧前面一条窄路的中间，有一个废弃的治安岗亭，我们就跑进去躲雨。

这个治安岗亭横亘在泥泞的路中间，左边依着山坡和荒地，中间还有一道深沟，右边是积了很多水的泥泞的沟地，如果想过去，只能侧着身子，紧贴着岗亭，一步步地跨过去，前面是我们走过来的路，绕过去，再往前走两个路口，才可以看见一个有车辆通过的十字路口，也才能走到通往家的方向的路。

因为人烟稀少，根本看不见行人，也少有在远处路口经过的车辆。

我们跑进去的时候，衣服已经有点湿了。此时的天气，已进入了初秋。这时候上海的雨，冰冷冰冷的。湿漉漉的雨水打在身上很不舒服。我们进入岗亭的瞬间，我和女儿都不自觉地打了个冷颤。

所以尽管天色越来越暗，雨也越下越大，我们只好焦急地呆在岗亭里面，等待雨停。

四周一片肃穆寂寥。雨滴敲打在岗亭的铁皮屋顶上，发出细碎的响声，很是凄凉。

不知道过了多久，远远从对面的建筑工地上，走来了一个建筑工人，他打了一把很大的伞，慢慢地向我们这个方向走来。

建筑工地离我们至少有1000多米的距离，他走过来的时候，惊奇地看了一会岗亭里的我们。奇怪的是，他没有依着岗亭穿过去继续往前走，而是迟疑了一下，转身折回去了。

我当时并未介意，以为他只是想经过这里，到远处有商铺的地方买东西。

当他来来回回地走了三次，每次都不怀好意地往我们身上打量一会儿再走回去时，引起了我的警觉。荒郊野外，四周没人，我首先想到的就是我十一岁的女儿，我要保证她的安全，保证她不受一丝一毫的伤害。

我拿出手机准备叫个滴滴，或想着如果出现紧急情况好报警，却发现手机早没电了，不知道什么时候已经关了机。我感到浑身一紧，心一下就提到了嗓子眼儿。

当他第三次折回去的时候，我仔细观察了一下岗亭和周围的环境，四面被玻璃包围的岗亭，门正对着建筑工人来的方向，这是扇已经无法关闭的玻璃门，四面虽有玻璃，但是临着水沟，左侧想绕过去根本不可能，最后只能走右侧，可以依着岗亭侧身过去。

一旦门被堵住了，我们根本出不去，再看后面，发现，我们身后的玻璃有一扇碎掉了，正好对着回家方向的路，但需要登上台子，才可以从窗户里翻过去。

女儿虽然只有十一岁，个子已经一米六多了，个子虽高，但看起来仍然是个脸上带着稚气的孩子。

岗亭里面空无一物，没有任何可以防御的东西，我认真地向岗亭外查找，发现左侧的草丛里，有一块砖头，和一根一米多长的钢筋铁条。

我冲进雨里，把他们捡了回来。当那个建筑工人，第三次折

回去走远的时候，我对女儿说："你看见那个人了吗？他已经来来回回走了好几趟了，而且每次走到这里都不往前走，而是折回去，还不停地看咱们两个。这里四周没人，如果他一会再走回来，进这个岗亭来，妈妈会拿这个铁条打他的头！"

女儿大吃一惊问："你为什么要打他？"

我说："这个世界有很多的好人，也有很多的坏人，世界就是由好人和坏人组成的。有些坏人，他们就喜欢欺负妇女、儿童。妈妈必须保护你不受伤害。"

说到这的时候，我满脑子都是如何保护女儿拼死搏斗的英勇场面。

女儿说："他也许是来避雨的，你怎么知道他会伤害我们？"

我说："凭判断。他不需要避雨，他手里有很大的伞，而且你看那个远处有工棚的地方，就是他们居住的地方，他完全可以回去避雨，如果他来这里，一定是不怀好意。我看见他看我们的眼神很邪恶，妈妈会保护你！"

说着我把她拉到后面的台子上，让她坐上去，这时，我发现后面路的中间，有一段高压线，散落在路的一侧。

我说："如果他进来，妈妈就会拿这个铁条打他的头，如果没打倒他，他一定会反过来打妈妈，你千万别管我，这时候，你就从这里翻出去，然后使劲往前跑，穿过两个路口就有红绿灯了，你看到有车过来就拦住求救，找人再来帮助妈妈！"

女儿很惊讶地说："我会帮妈妈一起打他的，我不会把妈妈一个人扔在这里，我用脚踢他！"

我说："没用，你太小了，力气不够，你从这爬出去后，如果他也翻过去追你了，你跑不过他，就不要跑了，你看地上那根高压线了吗？你抓住黑色的那端，用裸露着钢线的那头，使劲往他身上戳，那头是有电的，能把人电倒，你自己千万不能用手去碰另一端。他倒在地上的时候，你就继续使劲往前跑求救，带人回来找妈妈！"

说这些的时候，不知道是因为冷，还是害怕，我感觉牙齿在打颤，浑身发抖。女儿点点头说她记住了。

说到这里的时候，再回头，那农民工果然又走回来了，这次走的速度很快，我脑子嗡地响了一下，紧张到了极点。

他直奔岗亭走了过来，快接近岗亭，还有几十米的时候，我突然大脑一片空白，也不知道怎么反应的，我抡起钢筋，照着那个玻璃门就砸了过去，玻璃清脆的断裂声，把我和女儿都吓了一跳，女儿惊叫了一声，那建筑工人也抖了一下，愕然地停住了脚步，愣愣地看着我，站着不动。

我拿出电话，对着关机了的手机大声说："你到哪里了？哦，到路口了？那你就能看见我们了，我们就在路边的岗亭里。你快点过来吧，好冷！"放下电话我又故意大声地对女儿说："爸爸来接我们了，到路口了！"

那人听完转身就走，而且几乎是小跑着走远了。

看着他越走越远，我拉着女儿跑进了雨了，往家的方向拼命

地跑。

女儿说："妈妈雨太大了，爸爸不是来接我们了吗？等一下好了，都淋湿了。"

我说："爸爸出差了，手机没电了，妈妈是演戏吓唬那个人的！"女儿说："妈妈你好厉害啊！怎么想到的？"

我说："不知道，本能反应的！也许我天生就是个机智勇敢的人！你崇拜一下你勇敢的妈妈吧，我当时就想保护你，为了你，妈妈死都不怕，你就是我的命，如果他敢伤害你，妈妈会杀了他！"

女儿眼里突然噙满了泪水，过来抱住了我，叫了声："妈妈！"那一刻，我深刻地体会到，任何一种爱，都需要表达。

回到家的时候，我和女儿都淋成了落汤鸡。冰冷的雨水，将寒气一点点地渗透进了我们的体内，浑身从内而外地散发着冷气。

我们两个冲进浴室，洗了个热水澡，想把侵入体内的寒气洗掉。

当我惊魂未定地坐在家里的沙发上，给自己泡了杯茶，一点一点地细品着茶的香气的时候，我为自己感到震惊和自豪。

我清楚地发现，自己的思维、应变和反应能力是那么的强。尤其是在安排女儿如何逃跑、自救的时候，是那么的有条不紊，而最后的应激反应，完全是没经过大脑事先准备和思考的，我更加坚定地认为，自己是个逻辑思维缜密而且机智勇敢的人，我的抑郁症，对我的大脑，根本没产生任何不利的影响。

很长一段时间以来，因为抑郁，因为身体欠佳，我曾一度对自己悲观失望过，更因为自己脑神经混乱、长期失眠，而感觉自己的反应越来越迟钝。还曾经有过一段时期，我对长期服用安眠药感到恐惧，恐惧它将带给我可怕的后遗症和副作用，会让我变成感觉迟钝的傻子，或过早进入老年痴呆状态。

为此，我曾经忧心忡忡过，在吃不吃安眠药之间纠结反复。

这一天，我排除了所有的担心，坚定地告诉自己，我吃了三年的安眠药，没什么了不起，想吃就吃好了，它和降血压药等人们常吃的药物，没有区别，起码没对我的大脑神经和反应能力造成任何的影响。我的智慧和思维，也没有受到阻碍。此时，我又在瞬间打开了一个心结。

那一刻，我更加坚定地认为，抑郁只是一种情绪病，根本不是什么精神病和无药可治的疑难杂症。它更不是羞于见人的怪病，跟疯子、神经病，完全不搭边，只是因为我们的心灵过于敏感、细腻。我们比别人对生活和人生的感悟更深刻，才会暂时迷失了自己。

它是完全可以通过精神和意志的力量来控制的，只要你想让它好起来，学会控制自己的情绪，随时都可以把它赶走。

你需要坚持做到的，就是让自己静下来，避免放纵自己的情绪，甚至把希望寄托在别人身上。这样它就完全不算事。

在这个过程中，你也必须清楚地明白，一切的外力，都是徒劳无功的，你的勇敢、独立、永不言弃，才是战胜它的唯一手段。

当我真正地意识到，抑郁就是个情绪病的时候，我认真地思考了很长时间，思索着有关这种情绪产生的原因和根源。

我意识到，它和我们的性格、工作经历、生长环境，甚至和生活里突然出现的一些变化，有着极大的关系。同时也和我们的生活习惯密不可分。

当我们静下来，安静地面对自己的内心，审视自己的来路，就会发现，那么多最终聚集而成的恶劣情绪，包括我们的爱恨情仇，都是凝结成这些坏情绪的分子。是我们在某种程度上，放纵了自己的内心和行为，甚至是放纵了自己的心智，才导致它们最后成为一团乱麻，梳理起来比较麻烦。

对于有耐心的人，无论打成多少结，他都可以沉下来，让自己咬紧牙关，把那些结一点一点地解开。

而对于意志薄弱、没有耐力，对自己不够严格的人，可能这个乱麻团，就会永远被丢弃在心的角落，任它发霉、腐烂，最后堆积成塔，在不知不觉间，从内而外地摧毁你的意志和身体，将你腐蚀掉。

即使它没有将你腐蚀掉，也会在你的内心深处，石头一样，矗立着让你难受，成为你生活和人生的阻碍，毫不留情地让你的情绪和心境，滚雪球一样，越滚越大，最后成为压倒你精神和意志的最后一根稻草，在生活的激流里绊倒你，让你失去活着的乐趣和方向。

三毛曾经说过，心之如何，有似万丈迷津，横亘千里，其中并无舟子可以渡人，除了自渡，他人爱莫能助。

当我清醒地看到了问题的本质的时候，我开始尝试着从哲学、心理学等方面，寻找一些抑郁症存在的根源。

我每天拿出足够的时间去读这些方面的书，从中寻找答案。

一天，我读了一本关于心理学的书。当我读完这本书后，我对生命的价值、死亡的恐惧，立即烟消云散。

我几乎在一瞬间就看清了生命的本质，看到了我们之前一直所惧怕的死亡，不过是又一次的重生的机会。作者把重生对于生命的意义和论述，提升到了一个前所未有的高度。

书是美国的著名科学家、心理学医生布莱恩·魏斯博士写的。

魏斯博士作为一个心理学的博士，他治疗了很多患抑郁症的人们，其中有一个叫凯瑟琳的女病人，他采用了诸多的办法，都不能医治好她。

凯瑟琳，终日生活在焦虑、恐慌的境地里不能自拔。她每天无法入睡，精神高度紧张，只有躺在衣柜里才能找到一点安全感。最后，魏斯博士采用催眠的方法救治了她。

如果我们能够意识到，生命的价值和意义，对死亡的恐惧就可能烟消云散，生活也会因此焕然一新。

作为一个心理学家，魏斯博士治疗过的抑郁症患者，无一不是因为心结没有打开，才走进了抑郁的深渊。

而我，纵观几十年来，走过的风雨历程，经历的爱恨，哪一项不是在记忆里深深地沉淀？看似云淡风轻的，实则每一件都刻骨铭心、无法释怀，时不时会抽出来在阴暗的天气里、在每一个日落后的黄昏、在每一次不能成眠的午夜里，一遍遍地重新咀嚼、回味，将伤口一遍遍地撕开，一边擦着鲜血，一边喊疼？

当我真正地明白了生死的意义，最后一个对于死亡的恐惧的心结，也瞬间化解了。

第八篇

甩掉心的外壳

　　整个众筹的过程中，我的心一直是暖的，而且是完全打开放松的。那个时候，我在心里剔除了一切的枷锁和障碍，什么都不再顾及。那些以往在乎的人和事，瞬间就放下了。我撕下了伪装，从未如此真切地面对自己和自己的内心。没有了焦虑和担忧，我从没那么轻松自在过。

因为看到了走路的功效，我对走路锻炼的方式，就更加的热衷。但决定参与徒步走戈壁，并开始发起众筹，完全是受小Ａ的影响。

差不多二十年前，通过朋友介绍认识了她，她是做医药生意的。我们很快就"混"在了一起。说"混"在一起是因为，虽然行业不一样，但总是能玩到一起，她身上有股朝气，对多愁善感的我充满了吸引力。

每次小Ａ来北京或我出差到郑州，都要一起"混"几天。之后很多年，几乎没了联系，但彼此都在对方的微信里存在，互相静默地看着，感受着彼此生活的变化。时光匆匆，转眼在无声的注视中，消磨掉了多年。

一段时间，没再关注她的朋友圈了，再想起打开看时，却正看见她整装待发，准备走戈壁的微信图片。

看见她五十多岁的人了，仍然像小姑娘一样，笑靥如花，精神抖擞，很是惊诧！一直想，她是哪里来的力量，活得如此兴致

勃勃?

她从戈壁回来后，经常发一些链接，分享一些走戈壁的故事。每次静静地打开来看，都会想象一下，茫茫戈壁滩上，独自行走、挑战生命极限的那种孤独和绝望。

那种见天地、见众生、见自我的境界，实在对我充满了吸引力。我常常觉得自己好像就身在其中，想象到极处，甚至脚都会隐隐作痛。

在患抑郁症的无数个失眠的夜里，我一直在寻找一道能够让我重生的光，带我减负前行。看到她分享的一些东西后，心底的热情，又被激发了出来。我特别想去戈壁滩上，来一次像独行侠一样的行走，与天地来一场会晤。

做记者差不多二十年，我参与过四川地震的全程报道；青藏铁路全线贯通时，也沿着青藏线走了一圈。做了好几年的暗访记者，常常命悬一线。那时虽然艰难困苦，但年轻的我，总能在孤苦中看到希望。因为很多人性闪烁的光芒，给了我太多的感动和激励。

这些经历，无一不成为我记忆里最耀眼的东西，在日渐老去的情怀中，温暖着我一天天冷漠的心。

一个月前，当小 A 又发了一条招募行走的链接后，我的眼前突然闪过大风口、杨八角等藏地深处的荒漠，闪过年轻的我踽踽前行的身影，我渴望再来一次这样的行走，哪怕一个人最后走完全程，我也要和自己的心，在孤独中来场彻底的对话，找回迷失的自己。

　　我问她，我可以报名参加吗？她立即给我打来了电话，鼓励我参加。当她告诉我，这个活动需要通过众筹来实现参与资格的时候，我退缩了。

　　她却告诉我，通过众筹，你其实可以清楚地看清你身边的朋友，知道有些你一直很在意的人，也许他从来都不是你的朋友。你会给你的朋友圈来次大洗牌。

　　听了她的话，我决定放弃了。

　　说实话，我没勇气面对这样的选择。尤其是在抵抗抑郁期间，更是不自信。我害怕面对自己曾经引以为豪的人际关系。一旦众筹不成，更怕刚刚好转的心态和情绪再受影响。

　　静下来后，我不得不承认，我过去似乎一直活在自己设定的套子里，心的老茧好厚好重！

　　小 A 又打来了电话，侃侃而谈。放下她的电话，寂静的深夜，静观自己的内心，这么多年，我其实活得很辛苦很累。我很在意别人对自己的看法，拼命努力做到最好，希望得到别人的认可与肯定，遇到别人误解了，使劲地想证明自己给人家看。

　　对待朋友，更是侠肝义胆。半生都守着宁可自己吃亏，绝不能占别人便宜的原则。在金钱上，更是出手大方，哪怕和男人吃饭，也争着买单。别人送我一块钱的东西，我要以一百元回报。目的只有一个，恨不能让所有的人都说我好，都认为我完美。

　　这么多年，送出去很多贵重的礼物给所谓的朋友，但几乎没

收到过什么回赠，别人求我办个事，跑断了腿，即便不是自己能力范围内的，也要劳心劳力地给人家办好，最后自己搭上很多人情不说，还费力不讨好。

回想这些，难过自己活得如此辛酸苦累，却没勇气去重新审视自己，审视身边的人，更没勇气，通过众筹去揭开自己和他人的面纱。

几十年形成的惯例和模式，犹如盔甲，已经完全把我的心套牢、拴死了。

虽然不想参加这次活动了，但很想去采访那些走戈壁的人。职业记者的敏感告诉我，那些衣食无忧的人，去走戈壁，内心或生活里，一定正在和我一样，经历着情绪和命运的某种煎熬，在无助绝望的情况下，希望通过这次行走，突破精神的藩篱，走出心的困境。

于是，我让小Ａ给我主办负责人的电话，想联系采访事宜，被她果断拒绝。她说，你不参加众筹，就不会联系到任何人，也没人接受采访。

渐渐地被她说动了，但还是没有决定。我是个凡事只要做就必须成功的人。我从来不打无把握、无准备之仗，我喜欢运筹帷幄，然后决策千里。只要开弓，就要射中靶心，一举拿下，否则宁可不做。

因此我一直在想，我该以什么样的形式和感言，开始我的众筹。在这场众筹里，必须要起到锻炼自己的心智和耐力的作用，我才会去做，否则，在这样的一个档口，我没有时间和精力，去玩一些和自救没关系的事，让自己的心受挫。

我觉得，我的众筹发出去后，最好能在三小时内搞定，不然我过于敏感、脆弱的内心，会很难承受这样的压力。

先生是个外企公司的CEO，做事一向老成持重。一天早晨，我故意试探他说："能给我解释一下众筹的确切含义吗？"他语气坚定地告诉我："就是讨饭，跟别人伸手要钱！"听了他的话，我更像泄气的皮球一样，没了兴致。

在二十岁刚入某著名电视媒体的时候，我每天为了节省一元钱，要走十三站路上下班，但都没开口跟家人要过一分钱，现在自己不算富翁，但也衣食无忧。开口要钱是小事，要不来钱，就是对我过去人生的最大否定，我无论如何不敢面对这样的挑战。

就这样过了两天。而开始众筹，则完全是因为一场意外，让我瞬间没了退路。

众筹当天的早晨，又和先生谈去走戈壁的事。他死活不同意，他说我的腿里有钢针，而且肺手术后，医生反复交代，不能过度劳累，他也觉得我根本走不下来。我反复说了几次后，他说："你如果今天能走到姐姐家，我就让你去。"我姐姐家离我家十公里。

我说一言为定，立即跑到电脑前，写了关于众筹的感言。然后就出门了。

在这一刻，其实我也只是想试试。自己曾经面对过很多艰难

的采访现场，都无所畏惧，走十公里，就算证明一下给他看好了。结果我用了三个小时五十分钟，走到了我姐姐家。

到了那儿，人已经快瘫了，而且脚后跟火辣辣地疼。但我还是给他发了个视频，故意笑得兴高采烈。他说："那你去吧"。

他说让我去的时候，我却完全不想去了。一是没勇气发我的众筹链接和感言；二是，我也真担心自己走不下来，一个人最后落在沙漠上，也许还会遭队友的嫌弃，影响人家的成绩，最后不欢而散。更主要的是，我的脚好像疼得越来越严重。

那一天也很奇怪，平时小 A 一天到晚地跟我联系，那天，我发微信请教她如何发众筹的事，她都不回，我就完全决定放弃了。

六点多的时候，我坐在姐姐家的沙发上，闲来无事，打开了她一个月前发给我的链接，随便点开链接想看看。

之前一个月，我从未打开过。我随手点击了一下报名，很不走心地填了一下名字和手机号，这时先生来接我，电话突然来了，我想退出来关闭，结果手一抖，就点了开始众筹。

我吓坏了，什么准备都没做，众筹就开始了。

我立即给小 A 打电话，告诉她我不想参加，不小心在网上发出去开始众筹了，请她帮忙赶紧撤销。她说："一切都是最好的安排，你只是在网上发出去了，虽然没感言，网上也没人给钱，只有发朋友圈才能筹来钱，你又没发朋友圈。"

晚八点到家，小 A 的电话就来了。我说不参加了，她急了说："你这么善变，谁愿意和你玩？"我说："我本来就没准备好，我不喜欢做没准备的事。"

结果她继续鼓励了我半个多小时。放下电话，想了想，经历过那么多生死，死都不怕，众筹一次，又能怎么样？而这对我来说，也将是一次很好的锻炼意志和耐力的机会，对治疗我的病也是个打发时间的好方法。最主要的是，通过这次众筹，我可以认真地审视一下自己，感受一下自己的韧性和耐力。

于是，我把之前写好的感言改了改，配上链接，差不多九点的时候，准备发朋友圈。这时一个我认识了七八年的做安利的小伙子，突然给我发了一个他们的活动链接，邀请我付费参见活动。

这么多年，他卖给了我很多产品，价值至少七八万元。

我没发朋友圈，把感言和链接，先发给了他。我说："我失眠太久了，很绝望，想通过这次行走来次重生，请支持我哦。"

结果他好几分钟没反应，最后只给我发了一个点赞的表情。我特别震惊，我知道他没多少钱，我们相处那么久，他挣过我很多钱，我根本没指望他能给我多少，我只希望，他能给我一份支持和肯定，哪怕一分钱都行。而且是因为他联系我，我才顺手发给他的，他毫不犹豫的拒绝突然激发了我的斗志。我有点生气，但立即劝自己平静了下来。

　　我还是没有去发朋友圈，而是试探性地把小Ａ朋友圈里发过的一篇，一个徒友穿着拖鞋走完戈壁的文章先发到了朋友圈，结果很多人秒赞。虽然这是过去一直的惯例，我只要发朋友圈，就有上百人点赞，这也给了我信心。

　　其中有一个我认识了七八年的人，虽然称不上是朋友，但也联系较多，他经常会给我发一些好玩的链接。

　　看见他在文章下面热烈的评论，我回复他说："我也准备参加了，而且马上准备众筹，请支持。"

　　他立即私信我说："我不建议你玩这个，要想去，凭你的影响力，自己组织，我配合。"

　　我顺手把链接发给了他。一分钟后，他给我发了一个截图说："里面要获取头像信息，我不想暴露自己的隐私，我还是不建议你玩这个。"

　　我立即发了个笑脸给他，说："谢谢！我玩到底了！"

　　我深知，两个无关紧要的人，绝对不是我生活和朋友圈的全部！更不能阻止我前行，尤其是在我被抑郁击倒、准备重生的状态下。

　　我毅然把感言和链接发到了朋友圈里。发出去的时候，我感觉自己的身体在微微颤抖。

　　小Ａ的电话在我发了朋友圈后，第一时间又打过来了。她说，你给你的朋友发私信，一定要发私信，才能筹到钱。很多人不一定看朋友圈，你今天晚上发50或100条私信。

我说："我绝对不发私信，我就在朋友圈里发！我相信有人不看朋友圈，我的朋友里不看朋友圈的人我知道的就有好几个，但发私信，就等于直接跟人家要钱，失去了众筹的意义！"

所以在整个众筹过程中，我没有发过任何一条私信。我的朋友圈里，很多都是有钱有势的人，如果开口去要，也许三下五除二就搞定了，但那样就失去了重新审视自己的机会，更无法突破内心的禁锢。

而我更明白，人家碍于情面给我的，和真心认同我、支持我的，是完全不同的两个概念。

我有一个新朋友，是个弟弟，是我来上海后，买房子的时候认识的，目前生活比较窘迫。他除了立即跳出来支持我之外，还和小Ａ一起，一直在平台上关注我的众筹进程，每隔几分钟就汇报一下情况，他们的存在，让我感觉不再那么孤立无援。情绪也开始慢慢地平静下来。

看着每分钟都在增长的数字，众筹发出去十分钟后，我的心就豁然开朗了。

小Ａ说，众筹，其实筹的就是种信任和认同，而我认为，筹的更是一种亲近和爱！内心和你亲近的人，无论你做什么都会支持你，无所谓钱多钱少，他们的出现，无非是想让你感觉到，他们就在你的生命里存在，和你荣辱与共。

有一个嫂子，我们相处了二十年，每当我生活出现一些小困难，比如生病、照顾房子等琐碎的事，她都会义无反顾地站出来帮我，她是我们单位司机的爱人，后来和我成为朋友。

她立即给我筹了一块钱，并发私信告诉我，我支持你了，但你必须注意身体。

我心里暖暖的，哈哈大笑。这么多年，每次和我在一起，我都不让她花一分钱，她也习惯了这样的相处方式。但她有的就是对我的情意，我做什么她都会关注，都会无原则站出来，让我感觉到她的存在。这就是友情和爱——无法用金钱和数字来衡量的深情厚意。

众筹开始十几分钟后，我就完全没有了羞涩、恐惧、焦虑和期盼感。我的心平静似水。我也在关注众筹的数字和名单，但却进入了无欲无求的状态。

我在心里对自己说："讨钱都不怕，还有什么可以让我畏惧的吗？盲目自尊不就是我这么多年的藩篱吗？突破这次藩篱，我将再次获得新生。"

我不再像众筹开始前，在心里计划谁是我最好的朋友，期盼她或他可以支持我。

十分种后，我所想的就是：我就是我，我就需要这样的一个活动和机会！帮不帮我、怎么看我，都和我没关系，这是我目前活着的方式，这一趟我是走定了！认同我的，就在我的生活里存在，不认同，也没关系！我只是不会再浪费时间和精力，玩一场表面繁华的游戏。

那一刻我想，人生的旅途，没人可以单打独斗地走完。每一个转折的路口，都需要他人的帮助！而朋友间，需要的就是互相扶持、互相欣赏。那些只想在生活里当看客的人，我也没必要再给他们做表演了。我的人生早该到了做减法的时候了，减掉无效的社交。我几乎在瞬间，就忘却了那些我曾经计划和期盼的人！大家谁都互不相欠，别人怎么做，都是自由，无可厚非。

众筹差不多是在九点左右开始的，几乎以每分钟都在有人支持的状态匀速增长。

小Ａ告诉我，这速度挑战了组委会的众筹记录。我不知道是不是真的，也许她是在鼓励我，但有什么关系呢，这话我高兴听！

两小时的时候，众筹就达到了一万多元，其间有些我曾经期盼的人出现了，我根本没做任何打算的人，也有很多出现在了我的众筹名单里。

好吧，开弓没有回头箭，既然主办方把这当成了一种商业模式在运作，那就让我好好地规划一下我的众筹模式，以保证我的众筹顺利完成。

为了锻炼自己的心力和勇气，于是我决定每隔两个小时，就把当时众筹的情况做个截图，在朋友圈里播报了一下。

我做这个截图有两个目的。

一是让支持我的朋友看见进展情况。因为我知道很多人给完钱，并不会看平台，我要让他们知道，他们对我的支持并不是孤

立的，让他们对自己的付出坚定信心，同时对我坚定信心。

二是，我要让还没有下定决心的朋友看见，我的行动已经获得了很多人的支持，我的众筹一定会成功。她（他）要不要成为其中的一员，以朋友的身份出现，有足够的时间好好考虑。

我给自己设定了一个时间截点，到第二天的中午十二点，我必须结束这场众筹，无论以怎样的方式。但如何结束，需要运筹帷幄。

在半夜十一点半的时候，我又发了一次朋友圈。

十二点的时候，大家都准备睡了，我觉得必须把当晚的众筹结果截图发上去，让大家看到这几小时的战绩，这是我的教养和礼貌。

深夜一点半的时候，我把明天早晨要发的朋友圈，先发了。半夜十一点半，是发给晚睡的朋友的，凌晨一点半，是发给早起的人的。

目标计划设定完，我的心越来越从容淡定。先生和女儿却不淡定了。

小女儿反复问我，妈妈你有钱，为什么还和别人要钱？妈妈你好可怜啊。孩子跑到别的房间，不怎么会用微信，也不知道怎么打开的链接，用微信给我筹了 18.8 元，然后一直内疚地唠叨，妈妈，我微信上没钱了，就这么多。

先生跑过来好几次问我："不行我就给你筹完算了，咱又不缺钱。"他被我断然拒绝！我告诉他，我筹的就是一场信任；筹的就是友情和爱！没什么可丢人、羞愧的！这么多年带着假面具生活惯了，太累了。我就是想来一次明心见性，你现在别给我一分钱！他说："好吧，我等最后给你兜底。"

快到十一点半的时候，一个意外的人出现了。他是我曾经的大领导，十年没见过面了。在我因为做暗访记者被追杀的时候，在我人生遇到困难需要帮助的每个关口，他都会无声地站出来保护我、帮助我。我知道他工作忙，平时少有联系，也知道他很少看朋友圈，所以根本没做他的打算。

但他看见了我的朋友圈。在那样的一个深夜，他首先为我筹了众筹金额里最高的一档。之后在后面的一个多小时里，他一直关注着我的众筹数字，关注着我众筹的进展情况。他一个字都没问我，也没发任何私信和点赞。但我看见，每隔半小时、二十分钟，他就为我冲一次关。

我在众筹平台上，无声地看着这一切，泪落如雨。其间，我们没交流过一句话，我只知道，这么多年，无论多久没见，无论我做什么，他都会认同我、支持我，在关键的时候拉我一把。这就是情义和信任！无须表达。

小 A 和那个弟弟一直盯着我的平台，给我做着直播。他们对我的关爱，此刻体现得淋漓尽致。小 A 后来去平台上告诉我的那个大领导，要留机会给别人。他无声地离去了。但我知道他会一直看着，直到众筹结束。

我的心温暖如春。那一刻我知道，从此我将风雨无阻，因为

有那么几个人就站在我身后，虽远远的，但目光坚定而热烈！

人生得一知己足矣，何况我背后还有那么多人，余生还有什么值得畏惧的呢？我的抑郁又算得了什么呢？

到十二点的时候，我的一个朋友，是个公安局局长，我们认识了二十年，但在两个城市，一起走过了青葱的岁月。

他突然给我发了条私信，道歉说刚看见，并告诉我，他不怎么会操作网上的东西，说好像还要求输入个人信息。因为职业的原因，他立即给我发了个大红包。我告诉他，众筹必须在网上完成，我说："心意领了，你的心已经给我筹过了。"

没过一分钟，我就在众筹的名单上看到了他的名字。他留言说："你是我妹妹，你想做的事，我必须支持。"

因为这份友谊和信任，他义无反顾地支持了我！那一刻我突然明白，信任和友谊，是永远不会计算代价和得失的。

如果不是小 A 他们的播报，我都无法看到这些留言。到凌晨一点的时候。众筹金额就到达了 12450 元。我和小 A 在微信上开始聊天，却无法入睡。

因为众筹时间发出去的比较晚，加上当天是周六的晚上，我的学生们大多没看见。

第二天，星期天的早晨，我八点多又发了一条朋友圈，我的学生们出现了，于是，我叮嘱他们，你们是学生，不用给我筹太多，实在想支持我，一元足够了。他们就认真地一元一元地支持我，每条下面都会有一条温暖的留言：老师是最棒的！老师加油……

整个众筹的过程中，我的心一直是暖的，而且是完全打开放松的。那个时候，我在心里剔除了一切的枷锁和障碍，什么都不再顾及。那些以往在乎的人和事，瞬间就放下了。我撕下了伪装，从来如此真切地面对自己和自己的内心。没有了焦虑和担忧，我从没那么轻松自在过。

我的一个闺蜜，在众筹开始时，无声无息地资助了我。我知道她没什么钱。第二天早晨，一大早，她又跑去我的众筹平台上去看了，看见还没结束，立即又筹了一百多。

做这些的时候，她没和我说一句话。早晨九点多，她终于忍不住发私信给我说："如果你不想再考验你的朋友了，如果你感觉心很累了，就告诉我，我给你兜底！有我在呢！"

我这才发现她一直在关注平台上的进程。淡淡的几句话，就如她淡淡的人一样，却贮满了温度，让我泪湿双眼。

以前我心里总怪她和我见面少，疏于联络，因为我们曾是高中时候的密友。她一直觉得条件不如我，常常不愿意见我。但是关键时刻，她就那么温暖而坚定地站在我的身后，义无反顾地支持我，只有经历过，才能真正地明白，什么叫情义无价。

还有一个美容院里的小妹妹，在整个众筹的过程中，一会儿去看一下我的平台，看一次加几十元，她加到第三次的时候，被我看见，我立即私信她：不要再加了，你没钱，你的情义对我是

最宝贵的。

在整个过程中，也有一些人和事，让我对这个世界多了些理解和认知。我真正地明白了这个世界是如何多元化的，而人群更是有阶层的。

因为北京和上海都有几处房子在卖，我认识了几十个中介的人，这些人差不多和我混了有一两年的时间，很多人每天都在给我推荐房子，也有很多人正在卖我的房子，甚至有些人，因为卖掉了我的房子赚了很多钱。

在这个过程中，他们发现我没睡觉在众筹，就发图片甚至打电话，大半夜给我推销房子，却没人肯支持我一分钱。还有些品牌店里卖衣服的服务员，作为她们的金牌客户，我一年不知道要在她们那消费多少，她们不但没支持我，还看见我发朋友圈后，立即就私信我让我去买衣服。

那一刻我没有一点不开心或反感，也没有因为快到凌晨，还接到他们的电话或微信，而心有不快，我甚至很热情地告诉他们，改天一定去，并由衷地表达了谢意。因为那一刻，我真正地理解了不同的人处境不同。而且明白了和各类人打交道的方法，也理解了很多人的不易。

那一夜，在余下失眠的几个小时里，我详细地把我周围的人，做了一下分类，甚至在心里画了一个表格。

过去的二十年，我从来没有如此清晰地理顺过我的人际关系，我总是以一成不变的方式去面对所有的人，希望以心换心。

那一夜我明白，很多人，是不需要你的心的，他们只要他们想要的。你在明白了他们所需要的以后，给他们相应的东西就好了，无需有太多的期盼和奢望。

我区分总结出了今后需要和每类人打交道的方法，甚至说话的方式。一条一条地记在了我的笔记本上。平生，我第一次这么清晰地看清了我自己和我生活里的人，找出了与各类人打交道的方法。

我和小Ａ几乎一夜没睡，她比我还兴奋，是我在众筹过程中最热烈的啦啦队员。

第二天星期天的八点，那个弟弟醒来看见众筹的金额吓了一跳，说这么快就要结束了。我告诉他，我过去二十年里最在乎的几个朋友，一直没有出现，我心里有点失落。

他说："你要发私信给他们，给他们一个机会，马上就要结束了，不然真的就没机会了。也许他们是没看见，你为什么不给自己和朋友一个机会呢？要相信自己的朋友，相信你自己看人的能力！你不需要他们也要筹完了，你要让他们知道你并是想要他们的钱，只是要份支持。"

我还是没勇气做。但心里已经特别的平静和坦然。

众筹群里，一个叫舒君的女孩加了我，也让我发私信，我不同意。她私信我说："你就发两条私信，不然结束了真的很遗憾，你为什么不试试呢？不能冤枉自己的朋友。"

我终于鼓足勇气给我的一个师姐，发了条私信。在来上海的三年里，她是我唯一在意的一个人。她关心我、爱护我，在我做手术前最崩溃的时间里，每天打电话给我，手术前的那天，还在唱歌给我鼓劲。每逢过年过节，她更是第一个想到我。我喜欢她，喜欢她的温柔善良，从内心愿意靠近她、依附她。但我知道她应该很少看朋友圈。

我小心翼翼地私信她，但没给她发任何链接什么的。很含糊地问："姐，你最近关注我的朋友圈了吗？我想我需要你的关爱！"她说："我一直关注你啊，无论在哪里，我们的姐妹情都不会变的。"我立即假装问候了一下，逃走了。其实我相信她没看朋友圈，但自尊让我无论如何说不出口。

那弟弟说："你再发最后一条，看看你自己的判断。"

我这次很直接给我相交了二十年的一个朋友发了条私信。我是在采访中认识他的，我们是真正地从青春岁月，看着对方一步步成长变化走过来的挚友。

每次在山东暗访出状况被追杀，都是他开车几十里赶去救我们。即便多年不见，一个电话，什么事都可以义无反顾地帮忙。我一直把他当哥哥对待，不问他一下，心有不甘，何况他知道我不缺钱。

我私信他问："你不支持我一下吗？"他发了一串惊讶的表情给我，不知所云。我说："看朋友圈。"

我最后一条朋友圈是一条链接，一句："众筹马上结束，冲刺！"一秒钟他就回复我说："马上让它结束！"

我还没反应过来，他就像踢足球一样，一脚把"球"踢进了球门，结束了这场众筹。

我本来还想让"子弹再飞一会儿"，希望我期盼的朋友，更多地出现在我的名单里，结果他连我先生的机会都没给，就给我结束了。

众筹比我给自己预定的时间，提前了一个多小时，这是我最大的遗憾。

完了之后朋友告诉我，以后再有这样的事，必须私信他，他可不想落下个不仁不义的名誉。因为他整天开会，没什么机会看朋友圈。

众筹结束了，我觉得自己突然破茧成蝶，我从没那么轻松自由过，心里几十年放不下的虚荣，终于放下了。

我的面子、我的荣誉，我拼命要的别人对我的肯定，突然间都烟消云散了。我的心再次得到了解放。

众筹，筹的本身就是一场亲近和信任，无关数字。

那一刻我大声地在心里告诉自己，我的人生，需要的不是阵容庞大、表演有素的仪仗队。四十岁后，我需要的就是那么几个，能在风雨里和我同行的人！

整个众筹过程中，我没发过私信。我期盼的那几个人，最终没能出现，也许还没来得及出现，但那又有什么关系呢？我冲破了心的藩篱，卸下面具后发现，我才是自己人生的主角、生活的

全部!

人生是个大舞台,当我经过的时候,无论我的表演多么拙劣,真心地为我鼓掌喝彩的人,就是我永远的朋友!因为她(他)认同我!

我明白,我的人生大戏,观众不必太多,因为余生并不很长,我只需要给那些欣赏我的人看。人生更是一场遇见,你来不来,我都在那里!也许你还不知道,一辈子真心等你经过的人,真没几个!而我也许是唯一的一个,尤其是在我抵抗抑郁、拼命挣扎的时候。

第九篇

给保姆做保姆

当我在小敏家，全力以赴地布置着她的家的时候，那种因为创造力而带来的成就感，让我忘记了所有的忧伤和不快，身体上也完全没有了不适。

我不再觉得自己是个抑郁症患者。蓦然回首，我又找回了平静快乐的自己，每天心静如水、不急不躁，这感觉真是太美妙了。

而此时，从我开始抵抗抑郁算起，才仅仅 17 天。当我发现，怡情的方法，能那么有效地治疗抑郁的时候，我在内心深处，就想把这个方法写出来、发出去，让更多的人受益。

为了那一场，见天地、见自我、见众生的戈壁滩上的行走，我一次走了十公里，并众筹成功，但因为太过于急于求成，当天晚上，我左脚的脚后跟，就肿起来了，而且疼得不敢着地。

到医院去拍了个片子，医生说，是因为走路太多，导致已经长了骨刺的地方，严重发炎，不能再多走路了，需要休息。

那时候，刚好是我抵抗抑郁的第十三天。情绪和身体状态，都有了翻天覆地的改变，我正为自己创造的奇迹鼓舞、震撼着。

而走路、做家务，是其中最有效的方法之一。那一天当我坐在沙发上，忍着脚后跟火辣辣的疼痛时，这么多天来，我第一次感觉到了沮丧。

当我感觉到沮丧的时候，突然开始紧张，我害怕这种低落的情绪会持续下去，以影响我刚刚取得的成果。

我努力思索着，如何才能再寻求一个有效的方法，继续自己的怡情大法，让自己动起来，以保持我来之不易的抗抑郁成效。

那时已是初秋。上海难得连续几天没有下雨，阳光暖暖地照

进安静的家里，满庭的桂花的香气。风带着一丝甜甜的气息，从敞开的窗户外飘进来，送来梧桐树，一声接着一声的叹息。院子中间的池塘里，蓝色的睡莲，静静地盛开着，和水中的蓝天白云，交相呼应。

那一刻，我想起了一些远方的朋友，想起了他们在我生命里若隐若现，忽有忽无间，带来的快乐和感伤，一时间，对外面的世界突然充满了热切的渴望。

我突然难过得哭了，对着镜子，看着自己泪珠盈睫的样子，心痛不已。刚刚好转，就出现了这样的问题，实在让我难以接受。

想到这里，我对着镜子说："想打败我是吗？没那么容易，我还不想死，生活如此美好，总有一天，我要让你败在我脚下，向我投降。看着我神采飞扬、流光溢彩地活着。"

既然不能走路，那就想点静的方法吧，总比这样坐以待毙好。

我突然想到去学钢琴，于是查询了家附近的钢琴培训机构，找到了一家，立即报了名，当场就让老师给我上了一节课。

因为没有钢琴基础，一切都要从零学起，单调的音符，让我有点如坐针毡的感觉。但我还是咬牙坚持着，因为实践已经很好地为我证明，音乐是可以疗伤、缓解抑郁情绪的工具。

就这样，我开始了学琴之路。每天除了把家收拾得漂亮、整洁之外，以前用来走路的三四个小时，因为脚受伤，不得不停下来，而这段长长的时间，对我就成了无穷无尽的寂寞时光。

刚刚学琴，每天练习弹奏的，都是简单的音符，毫无美感。尽管我每天拿出大量的时间，用来练琴，可是一周三节课，我已经和老师申请了最大的上课极限，但是又能学多少东西呢，那些简单的练习曲，让惯于听音乐，甚至对音乐很挑剔的我，听不出任何的美感，一周下来，我就觉得这样的方法不行。

第十四天的时候，我在储藏间里，发现了以前的菲佣走的时候留下来的，只开了一个头的十字绣，旁边的袋子里，有整袋子的丝线，花花绿绿的，很是好看。

我突然特别兴奋，觉得这真是一个练习耐性和心力的好办法。我认真地把时间做了一下规划。

除去教课的时间，每天两小时收拾家，两小时刺绣，一小时练琴，一小时读书。余下的时间根据情况及时调配。

在本子上写好规划。我在练完琴后，就开始刺绣。这真是一个精细的一点都不能马虎的活儿，稍有不慎，就要拆掉重来，因此必须全神贯注。

我担心自己运动少会发胖，因此把十字绣放在了高处的桌子上，站着绣。

绣着绣着，偶尔还会心里生出一股繁杂的情绪，很难再静下来。总是心猿意马地想出去走走。

我想念那条美丽的路，想念小路周围的风景，更渴望呼吸新

鲜的空气，到大自然中去。

越这样想，就越坐不住，开始烦躁。知道我的脚走不了多远，心一点点地往下沉，我用刺绣的针刺破了手指。

当鲜红的血丝冒出来的时候，手指隐隐作痛，让我的心开始平静了很多。我打开音响，尽量听一些舒缓、快乐的曲子，让自己保持心情舒畅。

七天后，当我绣完那幅山水的十字绣后，已经能很好地控制自己的情绪了。我能做到像揉一个皮球一样，掌控自己的心绪。当情绪来了的时候，我就像一个旁观者一样，看着我那或好或坏的情绪，如何升起来，又被我如何压制下去。那种成就感，是无法用语言来形容的。

我知道，我已经成功了百分之八十了，我找到了缓解不快乐心情的方法，也找到了控制情绪的有效手段。

但我明白，革命尚未成功，同志仍需努力。我必须很好地坚持我所有的套路和方法，才能把这个成果巩固下去，真正地治好我的抑郁症，以绝后患。

十字绣绣完了，我的时间，又多出来了两三个小时。出不去，家里因为每天不间断地打扫，地板和桌椅，光可鉴人，实在没有什么事情可做了。

这天我突然灵机一动，给小敏打了个电话，说："小敏，上次让你走，怪不好意思的，以前总听你说，回家就不喜欢收拾家，躺在床上不动，我最近比较闲，你不是每天上班吗？我去帮你收拾一下家吧。"

她大吃一惊："夫人你开什么玩笑？我还在做保姆呢，我可没钱给你。"

我说："我不要钱，正好家里也有一些换下来的窗帘什么的，你如果不嫌弃，我就给你送过去用上。"

小敏还是不解地说："夫人你到底怎么了？我哪敢用你啊，你那么有学问的人给我做家务，太折煞我了，别开玩笑了。"

我沉吟了一会，对小敏说："实话告诉你，我上次辞了你，并不是你做得不好，是我得了抑郁症，我想自己做家务，希望这样能缓解我的情绪。这段时间，我的抑郁症也恢复得差不多了。本来我还可以每天出去走路，但是脚上长了骨刺，不能多走了，我怕自己回到最初的状态，所以，得坚持。家里的活每天重复做，没有成就感了，拜托你，就算帮我一下好吗？"

她同意了。把家里的定位发给了我，说："我每天八点就去上班，我把钥匙放在门口的垫子里，您自己去拿吧。"我高兴极了，有点像刚大学毕业就找到工作一样的兴奋。

第二天，我收拾完自己的家，练完琴，就开车去了小敏的家。

小敏的家住在离我家几公里外的一个城中村里。里面根本没地方停车，我将车停在了很远的地方，绕来绕去找了好半天才找到她家，脚又开始疼得厉害。

拿出钥匙打开门的瞬间，一股浊气冲了出来。十多平方米的

地方，床上地下到处堆着被子、衣服。一个方桌上，摊着用过的碗筷。窗户上挂着一块脏兮兮的布帘子，本来是粉色的，但因为常年没洗，已经很难看出颜色了。

坦率地说，我从来没见过这么脏的家。一时间站在门口，有些不知所措。

我在门口呆立了一会，进退两难。旁边一个房间里走出来一个老头，愣愣地看着我，半天也不说话。

我尴尬地说："我是她姐姐，来帮她收拾一下，不知道在哪儿洗碗啊？"

老人很不友好地用手指了指，我看见院子中间，有一个公用的水池，上面的水管上安着十几个水龙头，应该是租户们轮流洗碗的地方。

我冲着他笑了笑说："大爷您身体不错啊。红光满面，身体好就是福气。"

听我这么说，老人脸上露出了一丝笑容，变得友好了一些，说："你这个姐姐，看着倒不错，也蛮会说话的，不像你那个妹妹，就是个事儿精。我每天早晨起得早，老人没事是吧，就看会儿电视，她就不乐意，总来找我麻烦！"

从老头的谈话里，我感觉到了他和小敏一家的矛盾。从他的只言片语里，听出来，大概是因为老人每天起得早，电视声音又开得大，吵到了别人，但老人认为这是他的权利，别人无权干涉。

我把小敏家的门窗全部打开了，让里外的空气流通起来，散散里面的气味儿。

在等待的时间里，我和老人坐在门前的台阶上，有一搭没一搭地闲聊了起来。

老人告诉我，他是上海人，本来在市区里有一个大房子，老伴去世后，就剩下他一个人了，又不和儿女生活在一起，为了有份稳定的收入，他把市区的大房子租出去了，自己租住在这里。这里不但租金便宜，而且因为租住的外地人比较多，很热闹，他就越来越喜欢这种生活，可以不让他感觉太孤单。

但是，这里租住的大多是年轻的夫妇，他们每天早出晚归，为生计奔忙。不是做保姆、保安的，就是送快递的，哪有人有闲暇的时间陪他聊天，所以老人的时间比较颠倒。

他一般下午三点多开始睡觉，睡到那些年轻人回来，凑着热闹和他们赶着吃点饭，再继续睡觉，睡到凌晨三点就醒了，开始活动，看电视，做运动。

而劳累了一天的年轻人，此时正是酣睡的时候，常常因为被吵醒，大为恼火。但老人又不服气，因此就受到了集体孤立，大家几次要求房东把他赶走。老人是长租户，看在钱的份儿上，房东也一直没赶他，因为和小敏家伴隔壁，所以两家的冲突最多。

尽管他嘴上一直描述着，眼前的生活有多么的充实和美好，但远离热闹的城市中心，租住在这荒僻的地方，他眼里的孤独和寂寞，还是流露得淋漓尽致。我心里一阵难过，为老去的悲凉感到伤感，也为生命后期的孤独和无奈感到心酸。

当我走进房间，准备给小敏收拾家的时候，我还是倒吸了一口冷气。

这个在我家里，被我训练了好几年，每天都会按照我的要求，大差不差地将我的家收拾得干净整洁的人，那些好的习惯，竟然一点都没舍得往自己家里用。

床上地下，到处都是脏衣服不说，床下冬天的衣服已经开始发霉、散发出一股臭味。因为上海的湿气比较重，加上他们每天早出晚归，不开门窗，整个房间里都是霉味。

说实话，站在这么凌乱的家里，我的心情突然很烦乱。我在心里安慰自己说，为了巩固成效，必须坚持住，干点脏、累的活，总比抑郁好。我努力地吸了口气，稳住了已经开始焦躁的情绪。

这一次，我只做了下简单的规整，就决定回去了。因为我知道，要想把他们家收拾妥当，需要时间，也是个大工程。

临走的时候，我敲开了老人的房门告诉他，我明天还会来，而且会给他带好吃的。于是老人的眼里充满惊喜和期待。

第二天一早，收拾完家里，我就开车去了家乐福超市。我买了四个大的整理箱，一大叠大的塑料袋。同时买了拖布、扫把、洗洁精、抹布和刷子。我准备到小敏家大干一场。

我同时给老人买了一大包方便面、两大瓶的牛奶和一些香肠。当我把这些东西递到老人手里时，他的眼睛里闪出了泪光，他说："我也有一个女儿，就住在市区，她已经好几年没来看过我了，每次都说忙。"我心里一阵心酸，迅速地逃进了小敏家，开始干活。

说实话，小敏家脏乱差的现场，让我感觉特别不舒服。但来都来了，而且好不容易和人家说好的，总不能半途而废，怎么也得坚持做完。何况，自己走不了路了，不给自己找个事做，刚刚缓解的抑郁情况，有可能会出现反复。我在心里一遍遍地劝慰着自己，命令自己，咬牙也要坚持住。

我把床铺和地下凌乱的东西，整理了一下，把脏衣服扔进了洗衣机里。本来就不大的房间，立即就干净了许多。

我在外面的水池里，提了两大桶水，将屋子里油腻、漆黑的水泥地面和锈迹斑斑的桌子，用了将近两个小时的时间擦洗干净了。

在清洗桌椅和地面的时候，我全神贯注，因为比较用力，出了很多汗。随着地面和桌椅被我擦得一点点地露出了亮色，成就感瞬间爆棚，心情也舒畅了起来。

这期间，老人不时地跑过来看我一眼，看一次惊呼一声。

秋阳正暖，太阳下山准备回家的时候，我收回来已经晒干的羽绒服，装进大塑料袋里，压扁系好，放进了打理箱内。暗暗对自己说："小敏给你服务了好几年，这次也算是对她的一个回报吧！"

临出门，再回头去看我整理的房间，干干净净、整整齐齐，就是显得有些破败和简陋。

　　我站在门口认真审视了一下，决定明天再来的时候，要好好地给她布置一下，房间虽然小，但完全可以布置得温馨舒适些，这和豪华无关。在审视的同时，我也已经想好，怎么来规划和布置这个小房间了。

　　静下来我才想起，在给小敏收拾家的这几个小时里，我的精力高度集中，所有的心思都在干活上，我的脑神经，也不知道什么时候安静了下来，我发现它好像很久都没有再搅成一团嗡嗡乱响了，而且，这次持续的时间特别的长。

　　回到家后，我将前段时间自己家换下来的落地窗帘装进口袋，放进了后备厢里。

　　因为一心想布置小敏的家，第二天一早，我收拾完自己的家后，就跑去了她家。

　　我带来一把厨房里剪骨头的大剪刀来，几乎在进门的瞬间，就扯下了她们家脏兮兮的窗帘扔掉了。

　　因为窗子很小，我的窗帘又很大，只用了半幅，淡紫色的绣花窗帘，不但把窗户挡住了，还把那面脏兮兮的黑墙也给遮住了，房间里立即因为有了靓丽的色彩而生动起来。

　　我又在里面加上了配套的淡紫色的绣花纱帘。阳光从淡紫色的、绣着黄色茶花的窗帘外，斜斜地透进来，一室的温馨、美丽。

　　我把另半幅窗帘当成床罩，盖在床上，因为太长，我又剪下来一块，铺在了那个油漆斑驳的方桌上。

窗帘、床罩和桌子，都变成了协调一致的淡紫色，小房间焕然一新。

我高兴地跑过去，把老人叫过来看，他惊呼不已。

我幸福地和老人坐在门口的台阶上，审视着已经完全变了样的房间，心情激动不已。有那么一刻，当一股桂花的香气，被秋风袅袅地送过来时，我竟然有了一种恍如隔世般的快乐。

我惊奇地发现，在这大半天的忙碌里，因为有了新的灵感和创造性，我的内心充满了狂喜。

晚上，当我同样烧好了饭菜，正和女儿坐在布置得温馨靓丽的餐桌上吃饭的时候，我接到了小敏大呼小叫的电话，她在电话里兴奋得像个孩子一样，说他们回来后，都以为是走错门了呢？从来没住过这么漂亮的家，简直太幸福了。

在她惊喜的赞叹声里，我心里生出了一种被人需要的快感。

第三天，再去小敏家里的时候，我没有开车，而是骑了一辆共享单车，我穿过一大片芦苇荡中间的小路，路边空地的杂草丛里，开满了各色的野花，我采了 大把，放进了车筐里。

今天我给小敏家带来了一个收纳碗筷的架子。到她家后，发现他们竟然把碗都洗了。我将碗摆进了淡黄色的收纳架子里。

看得出，他们对我的劳动成果比较爱惜，当天换下来的衣

服，虽然没洗，但也没再扔得满床满地都是。小敏还特意将床铺好了，盖上了我那个用窗帘改成的床罩。

他们吃饭的时候，为了怕把那块桌布弄脏，还特意撤了下来。虽然走的时候，没有铺好，但我已经很满足了。

我找遍了整个屋子，也没找到可以插花的东西。于是我又想去敲隔壁大爷家的门，这次还没等我敲门，他却一下把门打开了。

大爷每次听见我来，都会跑过来我和凑热闹，看着我一个人在那忙里忙外地收拾，我们就是一句话不说，他也愿意坐在台阶上看着我。

有时候我走过他身边，不得不绕过去，才能走出已经被他堵了一半的房门。

看见我捧了一大束野花站在门外，他大吃一惊，问："送我的？"我点点头。他说："我没花瓶。"

我向他的屋子里扫了一眼，看见他的桌子上有一个空的啤酒瓶。走进去，顺手把花摆弄一下，插进了啤酒瓶里，然后又在里面加了点水，放在了老人的餐桌上。他兴奋地赞叹着。

夕阳西下的时候，我骑着单车，迎着血一样的残阳，轻盈地往家的方向赶。一路上，我放声歌唱。

很多年来，我好像从来没如此充实、快乐过。我忘记了所有过去生活中的不快乐；忘记了我的手术、我的抑郁。我满心都是小敏美丽的家，满眼都是灵动的风景和如画的生活景象。

　　我第一次开始喜欢这个城市，喜欢她的温婉和优雅，喜欢南方湿漉漉的空气、和随处可见的花草和鲜亮的绿色。

　　开阔的草地之外，是一条长长的小河，河边有好几个垂钓的人。那一刻，他们抛出去的钓钩在空中划出的曲线，就像跳动的音符，划出了生活华丽的乐章。我的心充满了欢乐。

　　忽然，我在草丛里发现了一个废弃的轮胎，看起来还很干净。我就把它捡起来放进了车筐里，准备回家做一个靠垫。

　　在小区的垃圾桶旁边，我又看见了一个绿色的空酒坛子，一阵窃喜。心想，小敏家这回有花瓶了。

　　于是我将空酒坛子抱回家，洗干净消了毒，准备第二天带到小敏家去。

　　我知道，小敏作为一个打工仔，她没有那么强的经济实力，

去买美丽的花瓶，甚至去花市里买盛开的鲜花。

我只想让她知道，即便是简单的生活，即便是物质很贫乏的状态下，依然可以把生活过得活色生香。一颗懂得欣赏美的心，从来都不会受时空和条件的限制。

我给小敏的窗帘是昂贵的，这让我有了负罪感。

因此，第四天，我在夜市上，花了几十块钱，就买了一大卷印染的花布。淡蓝色的底色，细碎的白色的小碎花。

我同样把他们裁成了小敏家的窗帘、床罩和桌布。布置完之后，我惊讶地发现，这样的基调和他们朴素简单的家更合适。

我将那套华贵的窗帘和床罩收了起来，放在了他们床下的打理箱内，以备他们换洗时用。

我将空酒坛子，摆上了他们的餐桌。骑着单车，到他们家附近的野外，采了一大束怒放的各色野花，回来插进了酒坛子里。那酒坛子和野花，是那么的相配，立即有了油画般的质感，在蓝色的碎花桌布的衬托下，抒情诗一样的优雅和生动。

我不想给小敏找忽略生活的借口，也不想给那些懒惰的，不能用心去讨自己欢心的人借口。

我想让小敏看到，一块简单的花布，一把怒放的野花，都是生活最鲜美的点缀，都可以让家光鲜亮丽起来。

我也害怕，有些人会以我经济条件好，有资本折腾为由，找借口以驳斥我的理论。

当我发现，怡情的方法，能那么有效地治疗抑郁的时候，我就在内心深处，想把这个方法写出来、发出去，让更多的人受益。

接下来的一天，我没有去小敏家。我用了半天的时间，将那旧轮胎洗干净，用买来的蓝色的碎花布给它缝了一个套子，下面放了一个绿色靠垫，放在了墙角。女儿回来后就抢着坐。但是纵观下来，和家里的风格太不搭配了。

最后我还是拿到了小敏家。这东西摆在他们家的墙角，果然起到了不同凡响的作用。

小敏大半夜打电话给我，说她老公坐在那个垫子上打了半宿的游戏不肯睡觉。我哈哈大笑起来，心里得意洋洋。

当我在小敏家，全力以赴地布置着她的家的时候，那种因为创造力而带来的成就感，让我忘记了所有的忧伤和不快，身体上也完全没有了不适。

最重要的是，我再也没有感觉到任何的不舒服。我不再觉得自己是个抑郁症患者。蓦然回首，我又找回了平静快乐的自己，

每天心静如水、不急不躁，这感觉真是太美妙了。

而此时，从我开始抵抗抑郁算起，才仅仅 17 天。

周六、周日，他们要休息，我自己也要陪先生和女儿，因此这两天没再去他们家。

周一下午的一点，我计划再去小敏家一次，收个尾。

当我赶到他们家的时候，在原来的位置没有找到钥匙，而我做的美丽的轮胎靠垫，也被她七零八落地扔在了门外，我心里很不舒服。望着冰冷的门锁，深深地吸了口气。

我预感到小敏一定是有变化了。果然不假，当我给她打电话的时候，她很久才接。

接起来后，她有气无力，几乎是带着哭腔说："夫人，我不能再让你给我打扫了，周六、周日，我和我老公吵了两天的架。"说着沉默了半天没说话。

我问："为啥？"

她说："周六、周日，我好不容易休息，感觉特别累，家里就又乱了，我老公就不高兴了，怪我不收拾，我每周，从周一到周五在别人家里做工，累得半死。到了周末，我就想睡一天懒觉，不想起床，说我根本不像女人，还骂我像猪，我们两个就动手了。"

我沉吟了一下："你的房间那么小，我都收拾好了，你每天拿出半小时的时间，就可以收拾得很好，为啥不收拾一下呢？这样自己住着也舒服啊！"

她说："夫人，我不愿意！我每天都在别人家做家务，回到家里看见家务就恶心，我都习惯这样的日子了。"

我说："你在我们家做得不是挺好的？我相信你在别人家，也一定做得挺好，为什么不把自己的家收拾得干干净净？这也是一个好的生活习惯！"

她说："夫人，我可不觉得，我就是不想收拾。现在好嘛，你来我们家一收拾，我不收拾，我老公就骂我，以前，家里怎么乱，我怎么不收拾，他都不管。现在他还自己去收拾，真是烦死了。我不想像你们家一样，每天搞得跟宾馆似的。你不知道我老公多烦人。现在一回到家，他就像个跟屁虫似的，跟在我后面收拾东西，弄个桌布也是拿来拿去的，我真受不了。所以我不想再让你给我们收拾了，再者说了，你也不能一直给我们家收拾吧？我太过意不去了！"

我半开玩笑地说："你想得倒美，自己又不是没有手脚，你做保姆工作的，自己的家都不收拾好，怎么给别人去收拾家？一屋不扫何以扫天下？我本来就打算今天再来一次，给你交代一下就不来了。既然你先生那么喜欢整洁，你就做个整洁的妻子不好吗？既能愉悦自己，又能取悦老公，何乐不为呢？"

她气鼓鼓地说："我就不！谁让她骂我是猪了。"我笑着说："随便你吧，日子是你自己的，怎么过是你的自由，我只想知道，这几天，我把你的家收拾得干净漂亮，你住着舒服不舒服？"

她没说话。我挂了电话，捡起那个轮胎椅垫就要往院外走。

那个老人追了出来说："你今天怎么这么快就走了。"我说："我家里有点事。以后也不会再来了。您多保重啊！"

老人既惊讶又失望，深深地看着我。我心里一阵难过，举着那个靠垫和轮胎对大爷说："您想要这个吗？"他受宠若惊地接了过去，连连点头表示喜欢。

晚上 10 点多，小敏突然给我打电话，问我那个轮胎哪去了，问我是不是带回了家。她说她早晨生气给扔到门外了，回来就找不见了。那是她老公最喜欢的，因为家里没椅子，以前都是躺在床上看电视，自从有了那个轮胎之后，他老公回家就跟黏在上面一样。回来找不到轮胎座椅了，气得跳脚，连晚饭都没吃。我暗自好笑地说："扔了！"。

周末的晚上，她又兴冲冲地给我打电话，说："夫人，我和我老公今天到外面一口气捡了四个轮胎回来，也用布包好、缝住了，您周一再过来看看，看看我做得好不好看？"

周一的下午，我骑车再次来到了小敏家。打开门的瞬间，还是大吃了一惊。

这次小敏拿出了在我家学到的收纳打理的本事，按我之前收拾和摆放的样子，把家里收拾得干干净净，床上还意外地摆放了一个粉色的大布娃娃。

桌子上的野花，虽然缺乏专业的插花美感，但也显得家里有了很多淡雅的生气。

再一看墙角，东施效颦一样，摆放了四个大轮胎制成的座椅，靠垫也买的花花绿绿的，把半个房间的地都占满了。但却摆放得整整齐齐，上面还放了一本游戏大全。我禁不住笑出了声。

是啊，生活是门艺术。但所有的艺术都是人去创造的，它们就像一张画纸，只要有了调色板，要涂什么样的色彩，画什么样的画，完全看自己的审美和心境。

我能在无形中，改变并影响了两个人的生活方式，这是我无论如何没有想到的，也是我为之骄傲自豪的。

我只在门口看了一会，没再进他们的房间，就退了回来。

在关上门的瞬间，我想：我既然能影响两个正常的人，改变他们的生活方式和生活习惯，在我抗抑郁的未来，我是否能改变更多的和我一样状态的人呢？

我今天所有的有利于恢复身心健康的努力，会不会也影响一批人，让他们重回生活的轨道，过上正常人的生活？起码不再辜负生命。

那一天，我陷入了沉思之中……

第十篇

伪装的阿姨

　　我在心里对自己说，什么是生活？什么是成功？生活和成功就是自己哄好自己，把自己劝明白、活明白，然后什么心结都没有了，好好地工作、吃饭睡觉，好好地爱自己，把期待降低，减少依赖，你就会过得很好，而对于我，这些在抵抗抑郁的过程中，我都做到了。

　　我不但变得平和、淡定、内心充满了安宁和喜乐，最重要的是，我变得能很好地控制自己的情绪，真正地成为一个柔声细语的人。

　　我开始懂得享受生活带给我的一切美好的事物，这是很多年来我全然做不到的。能给别人带来温暖和价值的时候，那完全是一种用金钱无法估算的快乐。

我眉挑烟火气，按部就班地坚持抵抗着抑郁。一个项目不少地往前推进，感觉自己一天天地恢复了生机和元气。我努力地生活、认真地实践，在实践中总结成果、得失，有的放矢地进行着我的疗愈方案。

　　我坚定地认为，世界不会辜负任何努力拼搏的人，乌云散去，阳光就会出现。每个人都要做会发光的星星，成为自己想成为的人。

　　我每天都在告诫自己，黑暗中出现的每一缕光，都是救赎，我的情绪，也因此一天天地趋于快乐、平稳。

　　忽然有一天，我发现自己的身体，已经很久没有再出现病痛等症状了。我知道，我的方法彻底奏效了，这距离我开始自救，还不到20天。成效最显著的就是给小敏收拾、布置家的那几天。

　　如果说，万事开头难，那结局一定是美好的。

　　那一天，从小敏家回来的路上，我骑着单车、迎着风，感觉自己充满了朝气和魅力。尤其是小敏一家的改变，让我尤其有成

就感。

我在田野上停下来，舞动着丝巾，仿佛又回到了青春时代。

我在心里对自己说，什么是生活？什么是成功？生活和成功就是自己哄好自己，把自己劝明白、活明白，然后什么心结都没有了，好好地工作、吃饭睡觉，好好地爱自己，把期待降低，减少依赖，你就会过得很好，而对于我，这些在抵抗抑郁的过程中，我都做到了。

我不但变得平和、淡定，内心充满了安宁和喜乐，最重要的是，我能够很好地控制自己的情绪，真正地成为一个柔声细语的人。

我开始懂得享受生活带给我的一切美好的事物，这是很多年来，我全然做不到的。尤其是原谅别人，给别人带来温暖和价值的时候，那种发自己内心的快乐，是无法用金钱来估算的。

近 20 天来，我虽然仍旧在吃安眠药，但吃的是那种药效很轻的安眠药。我每天吃一粒，完全因为习惯。而二十天前，我常常吃三粒都不管用。

我不再像以前一样，对安眠药有着强烈的抵触，觉得顺其自然就好，事实证明，它对我身体的影响微乎其微。

最重要的是，我以前吃三粒，现在吃一粒，每天都能睡得很沉、时间很长，基本在十小时左右，这让我的精神和体力，都迅速地得到了恢复，心情因为睡眠的转变，也变得越来越好。

我不再抱怨想出去旅行而出不去的无奈，也不再担心死亡的来临。不是说生死有命富贵在天吗？既然如此，该来的总会来，该走的也会走，有什么关系呢？

当我阅读了大量的有关生死的书之后，我更坚信，这世间所有的来去和好坏，都是上天事先安排好的。他们总会按时在该出现的时候准时出现，该走的时候准时走，多一分钟也不会停留，少一分钟也不会走。

而在这个过程中，无论是来的还是去的，都会或多或少地留给我们点关于生命的启示。

就像这个抑郁症，我不得不认为，它就是来帮助我成长、改变我个性的。

它改造并提示我，在固定的年龄阶段，如何做一个完美的人，我从来没对自己现在的状态这么满意过。温柔、安静、随和，能那么好地控制情绪。

小敏家，已经没什么可以再收拾的了，我也彻底改变了她，可以安心地从此收山去了。

怕自己的病再出现反复，我决定再找一份家政的工作把我那段空余的时间填满。

我依然在大学里教课，每周一的上午上完课，就再也没事了。这时，我已经很久没在课堂上双腿颤抖，或在课前几分钟跑出去，用抠着喉咙呕吐的办法来稳定情绪了。

在课堂上，我神采飞扬，妙语连珠，我感觉到自己神清气

爽，充满了自信和因自信而带来的魅力。

我太喜欢这感觉了，怕它像昙花一样稍纵即逝。于是我找到了那个开中介公司的朋友，告诉她我要体验生活，请她帮我找一份做钟点工的工作。我要求要找一个素质好的富裕家庭，我只负责布置家居，其他的不做，每天做两个小时，最多做五天。

她知道我是做记者出身的，因此毫不怀疑，第二天，就给我找了一份工作，去一个上市公司的老总家，负责家居布置。

据她说，这个家有专门的司机，而且已经有三个保姆了，有人负责做饭、有人负责打理花园，还有一个负责看孩子和打扫卫生，女主人想找一个会布置房间和整理衣帽间的人，负责他们生活区的布置和整理。

他们的工作范围正合我意，双方一拍即合，我告诉中介的朋友说，千万不能透露我的任何一点信息。

我详细地询问了他们家男女主人的作息时间，为了避开男主人，我选在了下午两点到四点。

第一天去上班的时候，我故意穿了套不起眼的运动装，穿了双灰色的运动鞋，连口红都没涂，我尽量把自己打扮得很不起眼。

我把车远远地停在了对面别墅区的马路边，以免被发现。

年轻的女主人见到我的瞬间，愣了一会，看着我半天没说话。我怕自己露馅，故意淡定地说"你好，很高兴认识你。"我脱口而出的一句话，她更是惊讶。

这个年轻的很时髦的女主人，狐疑地看着我，忽然说："你之前干啥的？"

怎么也是做过暗访的人，造假分子都被我应付得游刃有余，一个小女人还不是小意思，我在心里对自己说。

我提了口气，大大方方地说："我以前是做乡村教师的，教中学语文，挣钱太少了，出来做份新工作，如果觉得我行，我就开始工作了。"

听了我的话，她如释重负地点了点头，指给我他们的卧室和书房，说："你只负责这两个区域，帮我整理、收拾一下。"

说到这里，她说："我们家走马灯似地换过很多阿姨，你是我见过气质最好的，我都怀疑你不是阿姨。"

我静静地看着她笑了笑说："我试试吧！"

她连连点头称是。我走进了他们的卧室。装修得金碧辉煌的卧室，凌乱无序，鞋帽和衣服随处堆放着。敞开的衣帽间里，更是乱成一团。看着这么零乱的家，我心里突然有点兴奋，感觉自己又有了大显身手的机会。

我整理好了地上的东西，发现这么有钱的家庭，那么昂贵豪华的床上，竟然没有床罩和床品，只把被子摊开盖在上面，逊色了很多。

我一贯喜欢用十三件套的床品来装饰家里的床。不但选的是做工精美、棉质或丝质刺绣的，还要将抱枕和枕头等在床上摆出

造型，让卧室变得更加的考究和华贵，一眼看过去，这个卧室不但凌乱而且毫无美感。

再看梳妆台，巨大的梳妆台上，瓶瓶罐罐摊开摆放，整个桌子都占满了。地板上丢着睡衣、拖鞋，还有喝过东西的杯子。

我站在屋子的中间，认真地审视了一下，开始一个地方一个地方地整理。

半小时后，主卧室已经干净整齐、焕然一新。

那女主人冲过来尖叫一声说："哇塞，你收拾得这么好啊！以前的阿姨来，就擦擦地板，那些瓶瓶罐罐往里推一下，就行了。她们总说，不敢动我的东西，怕弄坏赔不起，时间长了，我也懒得和他们较真了，每次收拾完都变化不大，东西该在哪还在哪，气死我了，你收拾得太好了。"

我笑了笑没说话，继续做事，过了一会我突然说："你的卧室想不想变都更漂亮些？"她兴奋地说："当然想，我老公总说我邋遢，可是我也不会弄，以前的阿姨也笨。"

我说："我觉得你需要买一些床品，很多床上用品很漂亮的，包括枕头和被子，你又不缺钱，为什么不让自己的家里更赏心悦目一点。"

她说："我平时就喜欢逛品牌服装店和饰品店，不知道什么床品好看，也没逛过，不会选。"

我说："我家附近有一个很大的家居商店，如果你信得过我，我明天帮你去买！你有预算吗？"

她说："我家不缺钱，你买就是了，我看你挺会收拾的，你帮我弄吧，我一会儿还得去做头发，一万块够不够？"

我说："差不多，你先不用给我钱，等我买完了具体看看多少，你再给我吧。"

她嘴里答应着好，就开始换衣服，我刚整理完的衣帽间，又被她丢得满地都是衣服鞋子，化妆台上的瓶瓶罐罐，也被她弄得乱七八糟。

我定定地看着这个年轻的女人，她除了美丽，看起来简单而俗气，毫无深度和质感。心里不免生出一阵悲凉。心想，一个女人，如果只把自己活成一个花瓶，也是一件很悲哀的事。

半小时后，她把自己打扮得光鲜亮丽地出门去了，而我之前的劳动成果，功亏一篑。

我突然有点烦乱。但转念一想，这些极具烟火气的方法，能治好我的抑郁，委屈一点又算什么呢？想到这里，我的心顷刻安定了下来，我告诉自己，这种成就感需要保持和坚守，我必须拿出足够的耐力，才能将这成果巩固好。

所以，我什么也没说，在她走出家门的瞬间，迅速地把她弄乱的一切又整理好，时间也就到了。

临走前，我认真地看了一下他们家卧室的装修格调和色彩。

她们家的主卧室，是咖啡色的落地丝绒窗帘。于是，当晚回去，我就给他们买了一套十三件套的床品。米黄色的床罩上，绣

着淡雅的蓝绿相间的牡丹花，每个枕套上也都绣着一大朵的牡丹。

我又根据他们家被子的颜色，选了一套深紫色的棉质刺绣四件套，选了一条舒适的蚕丝被，请卖床品的人，将所有的枕芯和被子都装好。一大堆美丽的床品赫然摆在眼前，赏心悦目。

所有的东西加在一起，一共花了一万两千多，我请售货员给我写好明细，开好了发票，准备第二天交给女主人。

当我准备好这些的时候，突然发现，自己完全没有了抑郁的任何症状，人清爽而轻松，除了愉悦，别无他念。

第二天，当我抱着一大堆床品赶去他们家的时候，年轻的女主人很兴奋地跑出迎接我，并呼叫着其他的阿姨帮我把东西搬了进来。

她兴奋地说："你知道吗？我老公昨天回来说，家里从来没这么整齐过，还问你啥情况呢，我告诉他你以前做过教师，他很高兴，说做过教师的人素质就是不一样，还问，你能不能在我们家长时间做。他说可以让你当管家，指挥其他阿姨做就行。"

我笑笑说："我只做两个小时，我还有其他的事。"

她说："我可以加钱给你，加双倍的钱不行吗？"我笑着摇了摇头。没再回答她。

我把被子和床品展开铺好的时候，那女人惊叫了起来。大喊，太漂亮了，她跑过来抱了我一下说："你太厉害了，但我就感觉你不像阿姨！"

当我把买来的东西全部铺好，卧室里立即焕然一新，像换了个家一样。

她们兴高采烈，我的内心也满是愉悦。这两个小时里，我一直处于极度幸福的状态，为自己的品位，感到骄傲。

昨天因为时间紧张，没有来得收拾书房。我只是粗略地归拢了一下，将桌子上堆积如山的文件，在原地整理了一下，就没再动。

今天，我认真地把所有的文件分门别类，一个文件夹一个文件夹地装好，看似重要点的文件，我都在文件的底部，加上了标签进行了备注，让主人一眼就能看见自己想要找的文件。

一些废纸和残缺的文件，我也全部折叠好，整整齐齐地装在了一个文件里，在上面写了一张纸条：请检查里面的文件，如果是无用文件，请放回文件夹，明天扔掉。

等我把书房收拾完，要结束工作的时候，我走进卧室，想再看一眼我的劳动成果，发现那女人又要出门了，正在换衣服，衣服鞋子，扔得又是一片狼藉。

我有点恼火，但还是很平静地说："美女，你这样可不行，我每天刚收拾完你就又弄乱了，太不爱惜我的劳动成果了。

她不屑地说："那你再收拾一遍好了，你不就是来打扫我的起居室的吗？"

我淡淡地说："我不喜欢做无用功，更不喜欢劳动成果被破

坏，最主要的是，你是否觉得我做得很好！”

她点点头。“如果你觉得我做得很好，那就要尊重我的劳动成果，我每天就做两个小时，到时间就必须走。”

“你今天晚走一会儿啊，我给你加双倍的钱。”

我说：“我只干两个小时，多一分钟也不行，主要是你每天都这样，我觉得我的工作做得没意义，这个家要想干净整洁，你得配合我。”

她不情愿地噘着嘴，没说话，我说，“我今天可以帮你，把弄乱的东西放回去，但明天绝对不可以，给钱我也不再整理了，到时候，你先生回来，看见家里还是那么乱，我相信他心情一定不会很好。别的阿姨也收拾不成我这样。你下次可以在衣柜里先看好，需要穿哪一双鞋子，哪一套衣服再拿出来，而不是把一大堆衣服鞋子都拿出来，挨个再试，把不用的再放回原处。举手之劳，这样好习惯就养成了。”

她点了点头，没再说什么。我又把她弄乱的房间，快速地收拾好了。

第三天，我再去他们家的时候，女主人没在家。

我开始有条不紊地收拾依旧零乱的房间，一边整理，一边感受着身体的反应。我发现，我本来虚弱的身体一天天地开始变强壮了。心慌气短等感觉，也完全消失了。

我特别开心，心里想着，结束这份工作，我就完全可以不用再做了。最近一段时间，我觉得自己的脑神经，也开始日趋平稳，心情也终日保持在愉悦的状态下，几乎没出现反复，而且越来越自信轻松，我感觉自己真的在彻底好转。

　　书房的门一直半掩着，我并没介意。

　　女主人不在，我认真地陶醉在自己的工作中，把房间里靠窗的小柜子，挪换了一下位置，将一对被扔在了墙角的木头雕刻成的天鹅，摆在了上面，同时在衣帽间的下面，将一个披着婚纱的漂亮洋娃娃摆在了床头柜上，房间里立即温馨了起来。

　　我欣赏了一会，心满意足地笑了，正转身准备去收拾别的房间，书房的门突然开了，走出来一个四十多岁高挑白皙的男人，他穿着居家服，一双深邃的眼睛上下打量着我，我被这个突然出现的男人给吓住了，茫然无措地站在原地。

　　他走进卧室认真审视了一下，又仔细看了看衣帽间和梳妆台，什么都没说就定定地继续看我。

　　过了一会儿他问："你怎么做到区分我的文件的？而且分得清清楚楚、井井有条，以前的阿姨，不是把我的重要文件扔掉，就是把一些没用的废纸什么的都留着，堆得到处都是，你好像清楚地知道，我哪些文件重要，哪些没用，而且还做了标记。这太难得了，我的秘书都没有你做得好。"

　　我咽了下口水说："我以前做过老师，我看着上面的内容，觉得应该有用的就留下了，没用的就单放了。等你确认没用后，我就彻底扔掉了。"

他继续审视着我说："这就是你最聪明的地方！"

我笑笑说："如果你觉得那些没用，我就把它们扔了。还有，那些堆在桌角的书，我昨天没有来得及放回书架，我会按类别放好，你需要用的时候一眼就能看见，比堆放在桌子上好找，而且还不美观。"

他说："好！"又转眼看了一眼房间，说："这些东西都是你帮忙买的和布置的？你学过设计？"我说："没有，我只是喜欢居家布置，如果没什么事，我得去工作了，时间快到了。"说完就转身进了书房。

我将堆在书桌上的一大堆书，按照类别、分类，一本一本地放在书架不同的格子里，同时也把一些门类混在一起的书籍，进行了分类。并把书按大小长短重新进行了排列，书柜里立即整齐划一起来。

偌大的书桌也被我整理得清爽干净了。我发现，长长的书桌显得很是空旷，书房里的色调也比较压抑沉闷，于是我决定，明天弄束花摆上。

第三天，收拾完所有的房间后，我晚走了一会，从他们家的花园里，找出来大小不一的四个被丢在墙角的花瓶，清洗干净，从花园里剪了两束花，插了两瓶花，分别摆在了卧室和书房的桌子上，房间里有了鲜花的点缀，立即芳香四溢，美丽鲜活起来。

还有两个大花瓶，我不想插同样的花，就放下准备明天买一束鲜花过来，再用上。

因为沉浸在插花里，我晚走了一会，正准备离开的时候，那个男主人又回来了，他前后左右转着看了一圈，问我花从哪里来的？我告诉他从他们家花园里剪来的，他笑着说："花园里到处都是鲜花，种了好几年了，从来不知道还有这样的妙处。"

这个南方男人说话很少，但目光却很深邃，总给人一种可以洞穿一切的感觉。

见他回来了，我匆匆地赶紧告辞出来。无意间一回头，发现他正站在院子里朝我走的方向看，我心里一紧，做贼心虚般地在对面小区的路上，绕了好几圈，确定无人后，才迅速钻进自己的车里，开回了家。

那天回来后，我心里一直都不舒服，满眼都是那男人探究的眼神，突然想，应该早点结束这工作，辞职回来了。但是因为跟中介朋友说的是干五天，不好麻烦她再找人顶替我，而我也已经做了三天了，怎么也应该咬牙坚持下来。

第四天，一上班，那女主人，就大呼小叫地把我称赞了一番。

因为剩余的时间还很多，我就把他们的衣帽间认真地整理了一下，我将男人和女人的衣服分开放在了不同的衣柜里，同样按春夏秋冬、颜色深浅、分类悬挂整齐。包括鞋帽和衬衣领带，都做了分类。做这些的时候，我全神贯注，精神高度集中。我喜欢做这些。因为做这些的时候，更容易凝神静气。

他们的衣帽间本来就很大，只是过去，因为没人整理太过杂

乱，所以才显得拥挤不堪，被我简单一整理，井然有序，美观了很多。

这些工作，因为在家里经常做，所以我做起来得心应手。

想着自己很快就要到期走了，我把那女主人叫过来，想告诉她衣服该如何分类等细节，她很不屑地说："不是有你吗？我才不做呢！"

我叹了口气说："自己会才是真本事，万一我哪天请假了，你还可以自己做，或者教别的阿姨做，你得自己培训一个会打理的阿姨，中国的保姆大多来自农村和小城市，他们本身就没有经过专业的训练，她们自己本来就不会收拾和打理房间，所以全靠主人去教，不然根本就不知道该怎么做的。"

"那你怎么能做得这么好的？"

我沉吟了一会儿，说："我从小就帮我妈妈收拾家，后面又看了一些书，学了很多的整理技能，加上我自己本身又喜欢，才能做得这样好，我的家也被我收拾得很整洁的。"

"那你也用这么贵的床品吗？你哪里来的钱？"我没回答她，岔开了话题。

临走，我把上班时带来的那一大束百合花，和其他的一些配花，插满了两个大花瓶，一瓶放在了客厅的茶几上，一瓶放在了餐桌上，满屋立即飘满了花香。那女人心花怒放地付了我买花的钱。

淡淡的甜甜的百合花香气，呼应着外面温暖的秋阳，别有一番情趣。

出门的时候，我站在客厅，突然觉得这个本来就金碧辉煌的大房子，比起小敏的家，更容易布置，当一切都开始井然有序的时候，我突然有了强烈的失落感。心想，我的工作应该提前结束，如果这是一场游戏的话，也该到了谢幕的时候了。只是按约定，时间突然变得缓慢，日子也变得难熬起来。

那一天，在离开他们家的瞬间，我发现，几天来因为全力以赴地投入工作，精神格外地放松。

但那男人探究、审视的眼神，还是给了我很大的压力。有那么一刻，我甚至开始胆怯，我害怕被发现，更盼着早点收场。

平生，我第一次希望时间能过得快些、再快些，让我早日结束这份工作，没有任何压力地开始另一段生活。

我暗自思忖，我今天的做法在别人的眼里或许是可笑的、不能理解的。但当我经历了这么多伤痛和无助后，我清楚地知道自己在干什么，想要的是什么。

别人的想法和眼光，对我根本不重要，能找回自己，获得健康和快乐，回归正常的生活，才是最重要的。而我，唯一的方法就是自救，只要有效，荒唐也好，好笑也罢，又有何妨呢？

当我静下来，我明白，我的归宿，就是健康与才干。一个人终究可以信赖的，不过是自己。能够让我们扬眉吐气的也只有自

己，我要的归宿就是找回我自己。

我常想，这世界上大部分的失落，都是因为我们没有努力成为更好的自己，却奢求别人成为最好的别人，这是普通人都爱犯的毛病。

我无意窥窃别人的生活，不过是从热爱的事情上学会了妥协。

回望过去的生活，那一刻在陌生的街角，我突然懂得，每个人，生命中曾经拥有过的灿烂，终究都要用寂寞来偿还，我这会儿，只不过找到了打发寂寞的方式。

第五天，因为是星期一，我的课是十点到十二点的，因此我一大早就化了淡妆，穿了套职业套装和高跟鞋，去学校上课。我也将平时的运动装和运动鞋放进了后备厢里，以便万一时间来不及，好应急用。

因为这是最后一天去做伪装的阿姨了，我有种如释重负的感觉。

上完课，学生们迟迟不愿意散去，又围着我问了很多问题，所以出来的时候，就有点晚了。我匆匆在教师食堂吃了点东西，就赶到了那个女主人家。

我在车上换好了衣服，因为本身就化的是淡妆，所以也没太在意，我还是把口红擦掉了。

我进去的时候，女主人不在，那男人和前妻生的上初中的儿子，因为身体不舒服，没上学，正在房间里写作业，我开始工作时，书房的门关得严严实实。

整理那个孩子房间的时候，我听见他在读范仲淹的《岳阳楼记》，他一直在断断续续地给同学打电话，询问如何翻译，听上去怎么也搞不定。

我就停下来，细心地给那孩子讲了两段。刚讲完，那男主人突然从书房里走出来，上上下下认真地打量了我好几遍，带着一种揶揄的语气说："我们家的阿姨可真是了不起啊，都能教初中生。"

我故作平静地说："我和你太太说过，我以前是做中学老师的。"他诡异地笑了笑，没说话，转身就走了出去。

一小时后，我心神不定地收拾完，就准备回家了，当我急匆匆地穿过马路来到自己的车旁，我刚打开车门，突然一只手从后面一把拽住了车门，有人大声地说："我们家的保姆真是太厉害了，开着奔驰车来做家务！"

我一抬头，看见那男主人，正气呼呼地站在我的车前，抓住我的车门不放。

我叹了口气，说："对不起！"

他说："对不起就完了？我早就看着你不像保姆，哪有保姆又会插花，又能讲课，还会整理文件，比我的助理都不知道强出多少倍！你说吧，你到底啥目的？来我家干啥的？"

我说："我没啥目的。你们家这几天丢什么、少什么了吗？

还是你对我做的不满意？如果不满意我可以不要钱！"

"你是可以不要钱，因为你不缺钱，能开着奔驰车来干保姆的，缺钱才怪！就是因为你干得太好了，我才觉得你不像保姆，你不说，我就报警了！"

听见他说报警两个字，我也来了气，但还是压制着怒气平静地说："我又没偷你们家东西，也没做错什么事，你让警察来做什么？

他说："让警察来查你的身份！"

我沉默着，把脸扭向了一边，他也沉默了。

"那你到底为什么？开着奔驰车的人，放着好日子不过，低三下四地给人家做保姆？你脑子出问题了吗？我看你也不是个一般的女人，你到底想干啥？"

听了他的话，我的眼泪一下流出来了，又忍回去了。我平静地说："我病了，因为我发现创造生活的品位和艺术，可以治疗我的病，我才出来打几天工。本来也就打算做到今天为止，没想到，被你发现了。"

他听了一愣："你得了什么病？"我没吭声。

他说："你看你，说出的这番话，就更不像个一般人了。那你能告诉我，你为什么要来我们家做保姆吗？"

"来你们家做保姆，并不是我特意选的，这是中介安排的，我得了抑郁症，因为我的脚长了骨刺，不能长时间走路，布置家、做家务能有效缓解我的抑郁情绪。"

听了我的话，他大吃一惊，张着嘴巴半天没说话，不知道过了多久，他变得很温和地问："你为什么不在你家做？跑到别人家做，多委屈你啊，你先生难道不心疼吗？你是为了挣钱吗？"

"我先生并不知道，我也不是为了钱，我就是为了治好自己，我们家每天已经都被我收拾得没什么能做的了，我只想让自己健康快乐地活着，做这样的工作，让我有了很大的成就感。我的情绪和心情都好了很多，感觉已经治好了我的抑郁症。"

他愣愣地看着我，过了好半天才说话："你真的好了吗？这么有效？如果能治你的病，你继续来做吧，但我不会再让你干活，你指挥阿姨做就行。"接着他立即改口说："不行，你不能再做这个，你来公司给我做助理吧，像你这样的人，不应该给别人做家务，太委屈你了。"

我苦笑了一下说："我有工作，总经理我都没做，我也不想给你做助理。"

他摇了摇头。我顺手把车门拉开坐进了车里，说："珍重啊，明天我不再来了。"

他说："我付你工钱，我们加个微信吧！"我说："不用了，钱我不要了，谢谢你给我机会。"

说着启动了车子。他一把抓住车门，诚恳地说："说实话，你让我看到，日子原来还可以这样过，感觉特别新鲜也特别好，我们留个联系方式吧，可以做个朋友。"

我笑着说："我不和陌生人做朋友，有些人相遇就是为了说再见的。"

说完我一踩油门将车开走了。

刚到家，就接到中介公司朋友的电话，说那男主人找到她们公司去了，一定要我的联系方式，询问我的真实身份，并给了一万块钱作为我五天的酬劳。

我让她只留下该属于我的工资钱，让她用这个钱请她们公司里的人吃饭，其他的悉数退给了那男主人，并要求她无论如何，不能泄露我的地址和身份。

她立即在电话里做了保证。我如释重负地松了口气，瘫倒在自己温暖舒适的沙发里，听起了好听的音乐。

此刻，正值傍晚的六七点钟，是我抵抗抑郁之前，每天最焦虑、烦躁的时刻，奇怪的是，这一天我发现那种难受、抓狂的状态，已经很久没再出现过了。

我大叫一声，兴奋地在沙发上跳了起来。

屈指一算，这是我终结抑郁的第二十一天。窗外云淡风轻，成排的归雁，鸣叫着在如火的夕阳下，渐渐划出一个大大的叹号！

第十一篇

爱终结抑郁

那时候，和老妇人坐在桥边的长椅上，我常想，人和社会、和他人的聚散，太多的变数，往往来源于某种偶然而微小的因由，这些因由，构成了前世今生，很多我们无法感知的因果关系，让我们和该相遇的人相遇或别离。

当老先生从水里挑起一条大鱼时，我们三个欣喜若狂地大叫起来，那一刻，我对生命充满了挚爱。

我想起眼前的这两位老人曾经辉煌的一生；想起自己风云叠起的过往，突然发现，我的心曾经那么不快乐的原因，是我过去总是渴望生命的不平凡，渴望站在风起云涌的人生路上，被人朝拜和追捧。而到最后才发现，人生最曼妙的风景，竟然是内心的淡定和从容。

每个人都曾经热切地期待外界的认同、表扬和肯定，到头来才这知道，生活是自己的，你的一切都与他人无关。当我们能很好地掌控自己的情绪和内心的时候，才是真本事。

当我被发现，从那个总裁家辞职回家，已经是我抵抗抑郁的第二十一天了。

其实在第十天的时候，我的情绪，就开始渐渐好转，身体也有了质的变化。我的身心都恢复到了正常状态。我每天看着庭前的花开花落、北雁南飞、微风浮动，用心地感受着四季的变化和生活的美好。

我经常会在触景生情的瞬间，写一首诗词，而这时候的诗词，早没了哀伤的基调，确切地说，我对自然和生活的感知，又开始细致入微了。

> 云淡风轻飞燕，
>
> 青梅酒老人欢，
>
> 桂花香里叹流年，
>
> 十里芦笛惊半。
>
> 八九树霜枫外，

两三朵巧云边。

旧时心愿绿塘前，

怎许他人轻见。

那时候，我几乎不允许自己有哀伤的情绪，我每天插花，喝功夫茶，读书，练琴，整理衣柜，布置家。

可是脚上长的骨刺，因为一直没得到很好的休息，一天比一天疼痛加剧。除了家，我完全失去了去户外和其他地方活动的机会。

每一个日落和清晨，我都会产生到大自然里去感受鸟语花香的冲动，也总盼望着，能去一个陌生的城市，体验一下生活的另一番景象。

去小敏家、那个总裁家的工作都告一段落了，我不想用这大段空闲的时间来睡觉，更不想把它交给胡思乱想。我要巩固抵抗抑郁的成果，让它彻底地从我的生活里消亡，还我一段美丽的人生。

我喜欢动的状态，亦如出发。出发的感觉，除了能带给我希望和动力之外，还能带给我对未知事物的憧憬，更象征一种释放，也是必须面对的另一种开始。

尤其做一些新的挑战，能愉悦身心的事，那感觉，就像青春年少时，第一次离开家奔赴远方，除了豪情壮志，还有对未来的美好期待，我喜欢那样崭新的开始。

最重要的是，在见知践行的二十多天里，我更加深刻地体会到，世间的事，只要生机不灭，即便突然遭受了天灾人祸，一时间没了希望、无路可走，那也是暂时的，只要你努力，保持斗志，就会有抬头的日子。

而斗志和保持旺盛的生命力尤其重要，也就是在任何情况下，你都不能轻易地放弃自己，你不放弃自己，这命运、这世界，就奈何不了你。

从开始抵抗抑郁的第一天，我就没有给自己留后路，更没有给自己喘息的机会。因为我知道，在这样的一场未知的战斗里，不是它生就是我生。

如果战胜不了它，我就得惨淡地生活，行尸走肉一样存于天地和我的家庭之间，不是遭人厌弃，就是自己受不了自己，最终含恨而去。

我每天都在心里告诫自己，绝不给自己抛弃、放弃自己的机会。

当我意识到，我的时间又开始空闲下来的时候，我时刻担心病情会再反复回转，我必须再找一个方法，把时间填满。

当保姆，纯属一时兴起，我不想再实验了，免得引火烧身。

当我正在家里思索着如何能找个新方法的时候，突然接到了一个陌生电话，接通才知道是小敏家隔壁的那个老人。

我一段时间没再去了，他孤寂的生活，更加百无聊赖。他跟小敏要了我的电话，说想问候我一下。

　　放下电话，我从家里拿了些水果，去看了他。他说因为我的出现，自己已经改变了生活习惯，早晨起得再早，也不开电视了，努力做到不影响别人，和小敏家的关系也得到了缓和。

　　临走我和他要了他女儿的电话，并打给了她。我很含蓄地讲述了老人的状态，希望她能经常去看看老人，她一口答应。

　　那个老人因为我的几次出现，就对我充满了依赖，那些在敬老院里的孤独老人，他们会是什么状态呢，我为什么不用闲下来的时间去敬老院里做点什么？

　　小敏的邻居还有个女儿，还有个心里依托，那些没有儿女的老人会怎样？我能否为他们做点实在的事？

　　于是，我通过民政局找到了离家很近的一家敬老院。一进去，就对接待我的人员说，要找个无儿无女的老人来照顾。

　　工作人告诉我，他们这里新来了一对失独老人，他们曾经有过一个儿子，去年因为车祸去世了，两个老人老年丧子，悲痛不已，住进了敬老院。而且老先生还有老年痴呆症，虽然不是特别严重，但也经常不认识人，不记得很多事了。

　　他们还介绍说，两个老人似乎还没有从悲伤的情绪里走出来，老太太经常以泪洗面，问我愿不愿去看他们。我一口答应。

　　工作人员带我去见两位老人时，老妇人正坐在沙发上看电视。老先生则茫然地坐在窗口看着窗外，眼神迷茫而空洞。

　　和他们说明了来意之后，老妇人只是淡淡地对我笑了一下，很抗拒的样子，没有说话。老先生则直直地盯着我看，面无表情。

一时间我有点不知所措。不知该从哪里入手，才能拉近和他们的距离。工作人员说："要不你先呆一会儿，我得去忙了。"

我笑着对老妇人说："我出去一下，过会儿再来看你们哈。"说着就和工作人员一起走了出来。

我开车到敬老院旁边的花店，买了一束我爱的百合花，同时买了一个漂亮的花瓶。又在附近的超市里，买了一些酸牛奶和糕点。当我再次敲开老人的门的时候，老妇人现出惊讶的神色，接下来还是露出了一丝笑容，让我进了房间。

依照我多年的工作经验，从他们的气质上，我判断出这两位老人应该属于知识分子。

知识分子清高孤傲的内心和行为方式，我还是多少有些了解的，他们很难向人打开心扉，一旦打开了，也会掏心掏肺地信任你。

我轻轻地说："阿姨你们先忙自己的，我随便整理一下。"

阿姨递了一把剪刀给我，我开始插花，认真地修剪着花枝。老妇人看了一会儿电视，就坐到我面前，静静地看着我插花、剪花。我有一搭没一搭地和她说着插花的事。

这时老先生从卫生间里出来，嚷嚷着要穿袜子，我看见袜子明明就穿在他的脚上。老妇人轻声地走过去：说："你穿着袜子呢，你看就在脚上。"

老人没说话，没过几分钟，又跑过来和老妇人嚷着要穿袜

子。

我走过去，把老先生搀扶着坐在椅子上，将他脚上的袜子脱下来，递到他手上，说："看，袜子在这里，咱们现在把他穿上好吗？"

我拿过一只，就给他穿在了脚上，他自己把另一只也穿上了，笑着看着我说："天气冷了，得穿袜子。你是谁？"我拿过纸笔将名字写在了纸上，给他看了看，他念道："佳琳！"我随手将写着我名字的纸，夹在了黑板上。

老人咧着嘴笑了。

那一刻，我想起了已故的父母，思念潮水般地涌来，禁不住泪湿双眼。

在无数个孤军奋战、抵抗抑郁的日子里，我曾经那么的想念我的父母亲，渴望他们的拥抱和爱，如今我一路摸爬滚打地走到今天，再回首，抑郁已成了风吹衣袖一样的往事，而内心深处的那种孤独，还会偶尔翻腾起来。

七十岁有个家，八十岁有个妈，才是人生的终极幸福，这话一点也不假。那一刻，我多想和他们分享这一路艰难走过来的历程，把心中隐藏着的爱，献给他们。也正是如此，瞬间拉近了我和那对老夫妻的距离。

老妇人这时候也开朗了很多。她指着老头说："他以前是法官呢，可威风了，儿子死后，他就得了这病，但因为是刚开始，

还比较轻，有时候会颠三倒四的，但也有很清醒的时候，只要是清醒了，他就会想起儿子，就会哭。以前他和儿子的感情特别好，父子俩经常一聊就是半个晚上。最近，忘记事情的次数好像明显多了起来，不看着他，有时候，他能穿着三件衬衣还到处找衬衣。"

我答："没关系，人老了，都会记忆不好，我有时候也会忘记事情，慢慢来！"

老妇人说："你和他不一样，他是老年痴呆，我连个说话的人都没有，有时候太孤单了！"她说着红了眼圈。

我说："如果您不介意，我今后每天都来看您，您愿意吗？我父母都不在人世了，我也很孤单，我可喜欢像你们这样的老人家了。看见你们我感觉很温暖，很有安全感。"

老妇人说："我当然愿意，只是我先生那个样子，怕你烦他！"

我说："不会的，我怎么会烦他呢，我和您一起照顾他。"老妇人红了眼圈。

过了一会儿，她缓缓地给我讲了他们的故事，他们本来是个幸福的三口之家，老妇人是个大学老师，老先生在法院工作多年，他们有一个儿子，初中就去国外留学了，前午刚从国外回来，在一家证券公司工作。

可是仅仅工作了一年，就在一次出差的过程中，因为车祸去世了。这对两位老人打击特别大。他们曾经几度失去生活的勇气。后来因为老先生生病，不得不住进了敬老院。

我听着她讲述自己的家事，很是心酸，强忍着眼泪，没让自己哭出来，怕刺激到老人。

我将他们的房间整理打扫了一遍，把一些准备拿去集体洗的衣服拿回了家，尤其是内衣什么的，我觉得在家里洗会更好一些。

第二天，再去的时候，我带了一本金庸的武侠小说给老先生，还带了一个小音箱。我一大早就起来，包了一些素三鲜的饺子给他们带了过去了。

正好，我前几天在网上又买了一幅小型的刺绣，也一并带过去了。

那是个温暖的午后。阳光暖暖地从窗户外照进来，舒缓的音乐在房间里轻轻回响，满室的温柔。

窗前大朵大朵的红黄相间的美人蕉，热烈地开放着。偶尔还会有一两只雀鸟，不经意地停在窗台上，留下两声单调的鸣叫，似乎是在向世界宣告着他们的存在。

我的心宁静而安详。这时候和老夫妇坐在一起，我突然感觉生活热闹、充实了起来。

长久以来，当我习惯了一个人独自舔舐着伤口，拒绝和外界的亲友联系的时候，我不否认常常会出现难解的孤独。

但那时候，我害怕与人接触，我的内心敏感而脆弱，每见一次朋友，常常会因为别人不经意的一句话或一个眼神，难过很久。

而今天，当我和两个陌生人坐在一起，听着他们絮絮叨叨地说着毫无意义的往事，内心平静而欢愉，这变化，让我太高兴了。

我一边坐着刺绣，一边给他们讲我采访时遇到的人和事。我给他们讲四川地震，讲杨八角和大风口，讲每一次经历过的惊心动魄的采访经历，亦如面对着年迈的父母。

他们听得津津有味，我讲得绘声绘色。老先生在那个午后也特别的安静，还不时地插嘴问我一些问题，丝毫没表现出思维和逻辑的混乱，如不是事先知道他患有老年痴呆症，此刻我真的无法将这个病和他连接起来。

在抵抗抑郁的这二十多天里，我第一次有了倾诉的欲望。而这一次的倾诉，是那么的平静、自然，完全像讲着一个无关紧要甚至与自己无关的故事。

在那样无拘无束的相处和交流的过程中，有那么一刹那，恍惚间，我感觉身边坐着的就是我年迈的父母。

午饭后，我陪他们去敬老院后边的树林里散步，左手拉着老妇人，右手拉着老先生。从年少到长大，我好像从来没有牵过我父母的手，和他们如此近距离地接触过。

我和我的父母之间，一直有着看不见的疏离和隔阂。尤其是我那个充满暴力的父亲，曾几何时，我想起他时，内心都是冰冷的，满是痛苦的记忆。

初秋温暖的风，携带着桂花浓浓的香气扑面而来，林间充满了湿润的芳香。一片片细碎的白色的小花，笑眯眯地散落在草丛中，像星星，也像眼睛，在静默地感受着初秋美丽的气息。

蜿蜒而下的木头栈道，鞋子敲在上面发出清脆的响声，极其悦耳。阳光透过树梢，将一缕一缕的金色的光，跳跃着散落在我们笑意盈盈的脸上，一幅美好和谐的天伦之乐景象。

那老先生突然松开我的手，采了一朵鲜艳的小花，插在了老妇人的头上，两个人害羞地笑成了一团。

我因为脚疼，走了一会，就陪他们坐在了桥边的长椅上。老先生突然说："佳琳，那水里有鱼，我以前特别喜欢钓鱼。"我大吃一惊，同时也特别兴奋。

老妇人说："他的症状是比较轻的，今天早晨他就看着黑板上你的名字，叫了好几次。我感觉今天他的状态比较好。"

我说："那我明天买鱼竿来，咱们一起钓鱼！"

老先生竟然对老妇人说："你给佳琳拿点钱，让她帮我们买，别让她花钱。"我和老妇人同时笑出了声。

在接下来的几天里，我还带了一本席慕蓉的诗集，老先生在河边钓鱼的时候，我和老妇人就坐在旁边，一边看，一边比赛朗诵，做过大学老师的老妇人优雅干练，朗诵起来生动、深情。

时光，每每在这样的时刻，都真切地让我感受到了生活的美好，触摸到了生命的温度，以至于那几天，去敬老院看他们，和他们相处一段时间，是我最奢侈的幸福时光。

　　我总是被他们优雅的举止，沉静的话语，感动感染着。即便在老先生突然记不起事情，手里拿着鱼竿，还拼命到处找的情况下，我们也是那么的欢乐，只当成小插曲一样。

　　那时候，和老妇人坐在桥边的长椅上，我常想，人和社会、和他人的聚散，太多的变数，往往来源于某种偶然而微小的因由，这些因由，构成了前世今生很多我们无法感知的因果关系，让我们和该相遇的人相遇或别离。

　　当老先生从水里挑起一条大鱼时，我们三个人欣喜若狂地大叫起来，那一刻，我对生命充满了挚爱。

　　我想起眼前的这两位老人曾经辉煌的一生，想起自己风云激荡的过往，突然发现，找的心曾经那么不快乐的原因，是因为过去我总是渴望生命的不平凡，渴望站在风起云涌的人生路上，被人朝拜和追捧。而到最后才发现，人生最曼妙的风景，竟然是内心的淡定和从容。

每个人都曾经热切地期待外界的认同、表扬和肯定，到头来才知道，生活是自己的，你的一切都与他人无关。当我们能很好地掌控自己的情绪和内心的时候，才是真本事。

———————

尽管只有几天的时间，我们三个人的关系已经很亲近很融洽了。

周末的时候，我带着先生和女儿一起去了敬老院，我将家人介绍给了他们，希望这种关系，能成为我们家庭成员也认可和最亲密的一部分，但是一件意想不到的事情还是发生了。

当我们一家正陪着老人在河边散步的时候，突然又来了一家三口，急急地喊叫着走了过来，老妇人告诉我，那是老先生的侄子一家。他们很久都没来过养老院了，不知道今天怎么来了。

老妇人给我们互相介绍了之后，那对夫妻对我们表现出了明显的敌意。甚至很不友好地拉着老夫妻就要走，老妇人很不高兴地说："这段时间多亏了佳琳总来陪我们，我们很开心。"

那对夫妻听了这话，更不高兴了。我见状，赶紧拉着女儿和先生告辞往回走。

没走多远，就听见后面有人喊我们，我停下脚步，那侄子走过来，生硬地说："我叔叔很多财产，我弟弟死了，我们会是唯一的继承人，现在有很多人别有用心，想惦记他们的财产，以后我们会经常来看望他们的。他们不需要一个外人的关心照顾！"

我说："你多虑了，我到现在都不知道他们有什么财产，我来看他们是彼此需要，他们需要温暖和爱，我也需要。有时候人与人之间被需要是一种快乐。"

回到家里，先生还是认真地对我说："既然人家怀疑你别有用心，你就少去吧，何必让人家怀疑呢。"

我不置可否，但心里却很不舒服。

我喜欢那些优秀而又谦逊的人，他们明明拥有超越一般人的地位，却毫无优越感，对人温和如傍晚的风，而对于那些人品极差、处处钻营计较的人，我却充满了蔑视。

那一天，我突然很可怜那对老夫妻，觉得他们有被绑架的感觉，我很想伸出侠义之手，救他们于水火之中，但又不知道该怎么做，毕竟我是个外人，那侄子才是至亲。

当我周一上完课，再赶到敬老院的时候，工作人员拦住了我。

她很不好意思地告诉我说，那个侄子走的时候，特意交代了，不让我再去看那对老人。她还说毕竟人家也是有身份和社会地位的人，财产也很多。她劝我少来也好，免得惹麻烦。

听了她的话，我突然很不好意思，好像自己真的做了贼一样。

我说："那我怎么也得找个理由去道个别吧，不然突然失踪，这算什么？"

听了我的话，她没再说什么，闪身让我进去了。

当我敲开门的瞬间，老先生彬彬有礼地开了门，平静地说：

"佳琳来了！"这让我特别震惊。他淡定、从容的样子，丝毫看不出有老年痴呆的迹象。

我放下带来的吃的东西，告诉他们我要出一趟远差，大概要两三个月的时间，这段时间不能来看他们了。他们显出很失望的样子，老妇人的眼里还闪过了一丝忧伤。

关上门出来的瞬间，我的眼泪滚滚而下，我为那对老夫妻感到难过，也为这世间丑陋的人心感到不齿和悲哀。

我在心里劝慰自己说："这世间就是这样的，出门在外，无论别人怎么下作地怀疑你，给你冷脸和热脸都没有关系，因为他们不是你，若他是伪善之人，他们就永远不会明白你的真情实意，何必非得要和他们一争高下，计较得失呢？"

从敬老院出来，我突然有了种挫败感。我劝慰自己千万不要气馁，疗愈比任何事情都重要。生命短短的一场，来这个世界走一遭，我还有太多的不舍，还有那么多美丽的衣服没有穿，那么多美好的事物没有享受。为了作为女人的光彩夺目，我也要好好地充满战斗力地活着，无论遭遇多么大的风雨，都要砥砺前行。

几天来，在和两位老人相处的过程中，我体味到了爱的温暖和力量，它让我更加的平和、沉静。与陌生人相处的无拘无束，不但排解了孤独，更让我的心和灵魂都找到了依靠。同时彼此之间建立起来的依赖和信任，又让我的心充满了暖意。

我深感，爱的能力也是需要培养的，当我们培养起爱别人和被别人需要的能力，那种内心的丰盈是无法言喻的。

有时候，当我们处在生活的浅滩上，别人做得越绝，你反而越容易想出办法，找到出路战胜自己，所以，我们应该感谢那些毫不顾忌我们感受的人，因为有了他们做对比，你才能更懂得自己的好。反而更想坚持原则，坚定地去做一件你想做的事。

秋阳正好，云淡风轻。在街上逗留了几分钟后，我终于找到了一家孤儿院，并且联系好了工作人员。这次我首先和他们讲，我要找一个没有任何亲属关系的孤儿来结对子。

他们给我介绍了一个四岁的小女孩，她刚生下来就被遗弃了，被好心人送到了孤儿院。这孩子聪明伶俐，说话的时候总是看着别人的眼睛和脸色。那么小的孩子，却有着和同龄孩子完全不同的成熟，见什么人说什么话。

她对陌生人似乎一点都不惧怕，工作人员把她介绍给我的瞬间，她就开始夸我漂亮，忽闪着一双大眼睛，献媚地看着我。

我的心隐隐作痛，感叹环境对一个幼小的心灵带来的影响，对那小姑娘充满怜爱。

她叫芊芊。我喜欢芊芊，并不是因为她懂事，而是心疼她太过于懂事，她有着这个年龄的孩子本不该有的老道和成熟。

我在芊芊的眼里看到了巨大的惶恐，她极度缺乏安全感，像一只受惊的小兔子一样，时刻警惕地观察着周围的一切。

我陪她做了一会儿游戏，给她讲了几段故事，刚刚有点熟

悉，她就钻进了我的怀里，紧紧地拉着我的胳膊不放。

别的孩子都去睡午觉了，她却直接蜷缩在了墙角，睁着大眼睛不肯去睡。她说每次睡觉，旁边的那个大哥哥总会打她。工作人员告诉我说，这孩子平时怎么都不肯睡午觉，特别闹人。

我心痛地把她抱在怀里，很快她就闭上了眼睛，但没过几分钟，就挣扎着睁开眼睛看我一下，她说："阿姨你能抱着我睡吗？我害怕。"

我想起在伊拉克战争中，失去母亲的一个小女孩，画了一个妈妈在地上，然后躺进她怀抱里的情景，禁不住泪水打湿了双眼。

我把她抱到墙角，靠在墙上，就让她睡在我的怀里，一动不动。很快她就睡着了。

一只彩色的大蝴蝶，煽动着翅膀，停在了窗前的绿纱上。

女儿小的时候，因为工作忙，都是阿姨带的她，我几乎从来没这样抱着她睡过觉，所以她长大后，她总是抱怨我对她爱得不够多。

芊芊在睡梦里，几次惊惧地颤抖了一下，睁开了眼睛，发现依然躺在我怀里，就抱紧我的胳膊，在我怀里继续睡去了。

我因为失眠已久，晚上要吃安眠药入睡，白天即便是困得要命，只要躺在床上就无法入睡，还常常心慌得爬起来。

而那一天，我抱着芊芊，竟然奇迹般地睡着了。我和她睡在墙角的地板上，沉沉地睡了一个多小时，直到有孩子醒来吵闹，我才被惊醒。

我幸福极了。为了这一场意料之外突然来的午睡，这一场没有用任何药物辅助的午睡，于我成了旷世的战绩。

我把脸贴在芊芊的脸上，禁不住哭了。芊芊需要我的爱，可她哪里知道，我也同样需要她的，那一刻，我更加坚信爱是可以相互成就的。

那是我抵抗抑郁的第二十七天。

从那天开始，我每天都在午饭前去看望芊芊，我陪她散步，给她编漂亮的辫子，讲故事。还带吃的给她。

最主要的是，我每天中午，都会抱着她睡觉。我们两个相互拥抱着自然入睡。尽管我晚上依然还要吃一粒安眠药，但是白天

去见芊芊，和她一起睡午觉，却再也不用吃药了，这成了我生命里完全不能割舍的一部分。

我贪恋和芊芊在一起的每一个时刻，我们彼此依恋、彼此温暖，生活因为有了这样的爱，而变得更加的充实，我也在这样的付出里深深地体会到了快乐。

我把对女儿小时候亏欠的爱，全部给了芊芊，我像爱护自己的孩子一样爱护着她。

在抵抗抑郁的第三十天，因为是十月一日，按照事先安排好的行程，我和先生踏上了去挪威的旅程。

临行前，我去和芊芊道别，这次是真的道别，我早就下定决心，在以后的日子里，我要拿出能拿出来的全部的时间，去爱芊芊，给她温暖，让她感受到母亲一样的爱。

我要离开孤儿院的那一刻，芊芊抱着我的大腿放声大哭，她语无伦次地喊着妈妈。我向她保证，我一回来就来看她，而且，以后的日子，我会风雨无阻地陪伴着她。

　　早上九点，我们登上了飞往丹麦的飞机，然后在丹麦停留一天后，再坐轮船去挪威。一上飞机，困意就洪水猛兽一样，瞬间袭来。这在过去的五年里，从来没有过。无论多么远的长途旅行，我都是大睁着双眼，看着别人呼呼大睡，在飞机上一刻都不能入眠。

　　这次却完全不同。我在飞机上睡得昏天黑地，似乎要把过去几年没睡的觉，都补回来一样。先生惊诧不已，而我早就被这突然来到的由睡眠带来的幸福，冲撞得晕头转向。我除了简单的吃点东西，一直都在沉睡中。

　　在丹麦去挪威的轮船上，正值黄昏。如血的夕阳洒在海面上，成群结队的海鸥，绕着游轮欢叫，海面上风平浪静，海天一色，辽阔而壮美。

　　先生开了一瓶红酒举起杯对我说："来，为我们的幸福生活干杯！"我笑着说："不，为我用三十天终结了抑郁干杯！"

他很吃惊地问我："你什么时候得的抑郁症？"我说："已经很久了，你看不出来吗？我的失眠、焦虑，包括所有的不舒服，都是抑郁症的表现，我曾经也去看过心理医生，他明确告诉我，我得的是抑郁症，我只不过没告诉你！不想给你增加负担，更不想在你面前丢面子。"

他说："我不信，我并不觉得你那是抑郁症，如果说你是抑郁症，我也认为你是装的！"

我大吃一惊问："为什么你会觉得我是装的？"

他说："我手下的一个大区经理的老婆，得了抑郁症，每天和他闹腾，把他折磨得死去活来，经常我们在一起拜访客户时，甚至是在开会的时候，她都会打来电话吵架，而且怎么说也不放下，有好多次还打给我，告她先生的状，莫名其妙地又吵又闹。你从来也没跟我闹过，更没给我打电话纠缠、影响过我的工作，就是偶尔烦躁喊几声，你还马上道歉，我觉得你一直都很清醒、很知性，也很理性。所以从来都没觉得你得了抑郁症。"

我大笑着举起酒杯说："来，为终结抑郁干杯！为往事干杯！如果有一天我把他们写下来，你会知道，我是怎样孤独地抵抗抑郁的，我都做了些什么！那时候，如果你爱我，也许会心疼得流眼泪。"

我举起酒杯、一饮而尽。困意再次袭来，我迷迷糊糊地说："为我告别安眠药，恢复睡眠干杯！"接着我很快就睡着了。

从踏上飞机的那一刻，我就彻底丢掉了安眠药，恢复了睡眠。之后的一年多，偶尔虽然也有睡不好的时候，我就心安理得地吃一粒安眠药。

因为我知道，生活和我，都不会因为一粒安眠药而有任何的改变。

后　记

由于我个人的工作和生活经历，在抵抗抑郁的过程中，我采用了孤独封闭的方法，用移情和培养生活艺术的方式取胜。但现实生活里，能做到与世隔绝地进行自我疗愈的人，我想并不多，因为这需要坚强的意志和坚定的信念。

近年来，抑郁的情绪问题，正以洪水猛兽之势影响当代人的生活，甚至在青少年群体里也开始肆虐，因此我希望成立一个疗愈抑郁症的组织。这个组织要有系统、有步骤且科学地帮助那些陷入情绪危机的人，以一种充实而贴近生活的方法帮助他们从负面情绪中走出来，真切地感受到生活的美好，充分地享受阳光雨露，以求不辜负这繁花似锦的一生。

我将这个俱乐部取名为繁花俱乐部。我希望能将有抑郁症或者抑郁倾向的人群聚集在一起，一起动起来，做些有意义的事，互相支撑着走出阴霾。繁花俱乐部，会定期聘请心理学专家和对抑郁症有多年研究的学者进行讲座，按时开展活动，如读书会、生活美学艺术的培训、长途旅行等；会安排助老、关爱幼小、扶贫等公益，如到偏远山区支教、艺术采风、自驾行扶贫等。让大家有计划地放松身心，与大自然与天地融合，以提升生活空间的自由舒展度。

当我们的身体动起来，情感因为帮助他人而日益温暖，又把自身置于海阔天空之中时，那么很快就可以摆脱抑郁，找回走失的自我，在互帮互助和无私奉献中给自己的心找个家。

郁郁症不是什么大病，却关乎我们的生活品质和幸福指数。我希望每个人都能快乐幸福地生活，同时把快乐和幸福进行传递。如果您想参加我们的俱乐部，和我们一起学习、旅行、做公益，在美好的行动和付出中，找回健康、充实、幸福的自己，请扫下面的二维码。

加入繁花俱乐部，让我们一起快乐地结伴同行吧！